透視紅樓夢

擁有智慧高EQ

楊 皓｜編著

◆總序◆

跟四大名著學管理

陳致中

嚴格意義上講，在一九五四年彼得·杜拉克（Peter F. Drucker）的名著《管理的實踐》（The Practice of Management）問世之前，世界上並沒有「管理學」這門學科。然而，縱觀人類自有文明以來數千年的歷史，「管理」的影子無處不在，金字塔、萬里長城、古希臘的神廟、巴比倫的空中花園、英格蘭的巨石陣……這些古代的人類「奇蹟」無一不是千萬人共同努力數十年甚至上百年的成果（有考古證據表明，英格蘭巨石陣的建造，前後花費了數百年之久）。如果從管理就是「集結眾人之力共同完成工作」的觀點而言，人類的文明史事實上就是一部管理史。北京大學光華管理學院前院長張維迎曾說：「管理沒有新問題，只是問題的表現形式不同而已……從古至今，凡是有人的地方就有組織，有組織的地方就有管理。」因此，如果說人類歷史當中自古就蘊含著無所不在的管理思想，這點並不令人訝異。

說到管理思想，管理史學家摩根·威策爾（Morgen Witzel）曾經考證過，「管理」（management）一詞大約起源於十六世紀晚期的英國，也就是莎士比亞的時代。

然而事實上，撇開用詞的差異，古代中外各類典籍著作中，卻並不乏古代人類在管理方面的真知灼見。例如舊約聖經《出埃及記》中，摩西的岳父曾對摩西說：「你應當從百姓中挑選出能幹的人，封他們爲千夫長、百夫長、五十夫長和十夫長，讓他們審理百姓的各種案件。凡是大事呈報到你這裡，所有的小事由他們去裁決，這樣他們會替你分擔許多容易處理的瑣事。」這已經包含了現代管理思想中極爲重要的「授權」和「例外管理」思想。又如古希臘哲人亞里斯多德在《政治學》一書中，也論及過許多和現代意義上的公共行政及企業管理有關的思想，如「勞動者的注意力專注於工作，而不是分散於工作時，各種工作便可做得更好。」、「每一辦公室都應當具有特定職能」、「整體當然高於部分」、「未曾學會服從者，不可能成爲好指揮官」等。

歷久彌新的資源

作爲四大文明古國之一的中國，歷代哲人名士們自然也少不了與現代管理思想相通的真知灼見。例如春秋時代的孫子就被譽爲「世界第一位戰略學大師」，《孫子兵法》也被許多中國、日本、韓國乃至於西方企業奉爲聖經，《孫子兵法．虛實篇》當中的「兵無常勢，水無常形。能因敵變化而取勝者，謂之神。」可以說是對今天管理學思想當中「權變觀點」的最佳詮釋。另一方面，影響中國人最深的儒家思想文化當中，也包含著許多與現代人力資源管理、領導力、組織行爲學等學科相通的思想，如《荀子・君道》：「故明主有私人以金石珠玉，無私人以官職事業。」、《論語・子路》中，子曰：「先有司，赦小過，舉賢才。」等，乃至於司馬光在《資治通鑑》中所言「才德全盡謂之聖人，才德兼亡謂之愚人，德勝才謂之君子，才勝德謂之小人。」均與現代的人才管理、授權管理和誠信管理等觀念不謀而合。

二十世紀以來，在兩岸三地以及日、韓等受中國文化影響深遠的國家，已經有不少著作探討過傳統中國典籍與現代管理的關聯，如日本軍人出身的企業家大橋武夫就著有《用兵法經營》一書，將《孫子兵法》運用到實際的企業管理當中，並取得了傲人的成果。又如臺灣管理學者曾仕強將國學與管理學加以結合，所著的《中國管理哲學》、《儒家管理哲學》、《易經的奧秘》等，在中國大陸企業界頗受好評。另一位臺灣學者傅佩榮同樣從國學入手，將《易經》、《道德經》和《論語》等典籍中的思想，與現代社會生活、個人發展和企業管理加以結合，成爲極受歡迎的演講嘉賓和企業培訓顧問……

然而，若要說起在華人社會當中的影響力，只怕任何典籍都無法跟「四大名著」相比。問問身邊任何一個人，恐怕大多數人都不曾認真讀過《孫子兵法》或《易經》，對於《論語》也只剩下學生時代模糊不清的印象；然而同樣地，恐怕只有極少人沒看過《水滸傳》、《三國演義》、《西遊記》和《紅樓夢》，林冲夜奔、草船借箭、火燒連環船、大鬧天宮、黛玉葬花、劉姥姥遊大觀園……這些經典的場景、故事、人物，早已融入到我們的記憶當中，成爲我們文化基因的一部分。

四大名著的案例

那麼，四大名著當中，是否也存在著管理的智慧呢？這是不需要懷疑的，管理大師杜拉克說：「管理不僅是企業管理，而且是所有社會機構的基本器官和功能」。從這個角度來看，《三國演義》中的三國、《水滸傳》中的水泊梁山、《西遊記》中唐僧與徒弟們組成的「團隊」，乃至於《紅樓夢》中的賈府，都可以視爲不同形式的組織，而有組織的地方，就需要管理。套一句通俗點的話：「有人的地方就有江湖。」四大名著爲我們鋪陳出了四個時代、四個精彩絕倫的「江湖」，有謀略、有詭計、有鬥爭、有情誼，有波瀾壯闊的爭霸征戰，也有細膩無比的人物和情感刻畫。在情節鋪陳的字裡行間，在四個有血有肉的「江湖」當中，可以說隱藏著無數的管理思想和經驗。

這就是策劃和出版「跟四大名著學管理」這套書的意義所在。這套書的主要特點在於：從中國人最爲熟悉的「四大名著」入手，將我們耳熟能詳的人物、場景和故事情節，與管理學理論與實踐加以結合。三國就是三家龐大無比的「公司」，梁山泊一

○八條好漢就是一百零八位各具特色的「高管」，唐僧師徒就是一支目標明確、人員精實的專案「團隊」，而紅樓夢中的大觀園，就是一個複雜詭譎的「職場」……這些故事你都聽過，這些場景你都記憶猶新，但將它們和現代企業管理知識結合起來，保證讓人耳目一新。

管理學知識脈絡清晰，理論完整而富有新意。和一些穿鑿附會、似是而非的「從××看管理」書籍不同，這套書的作者均具有良好的管理學理論素養，概念陳述清晰，與案例的結合相當合理，並且涵蓋了許多最新的管理學理論知識。例如《透視「三國演義」做個聰明CEO》一書中，從CEO的視角出發，探討了創業管理、決策學、授權、人力資源管理、組織行爲與人員激勵、領導權威，乃至於接班人培養等議題，可以說企業管理者在管理工作中會碰到的問題，在這本書中幾乎都有涉獵。又如《透視「水滸傳」打造黃金TEAM》一書中論及宋江的領導智慧，其中的「領導者的六P特質」和「管理者向領導者的轉變」等章節內容，均和現代最新的「轉換型領導理論」和「魅力型領導理論」等有共通之處。這套書理論結構完整，既有最基礎的管理知識，也有最新的理論前沿，與案例結合緊密，從實踐中來，到實踐中去，深入淺出地讓讀者從通俗易懂的故事中，領略現代管理思想的魅力。

管理學思想的魅力

杜拉克曾說：「管理是一種實踐，其本質不在於『知』而在於『行』；其驗證不在於邏輯，而在於成果；其唯一權威就是成就。」換句話說，沒有和實際經驗及案例結合的管理理論，只能是蒼白而無力的。好在「跟四大名著學管理」這套書恰好做到了「知行合一」，每一個章節都有具體的案例佐證，每一個理論觀點都和書中具體的人物、情節和場景加以結合，從宋江見武松、周瑜見魯肅看「雪中送炭」與人情關係；從唐僧的取經「團隊」看人員搭配和磨合；從《紅樓夢》的賈母看理想CEO的授權、用人和無爲而治……當讀者帶著管理學的理論觀點，重新浸淫到這些早已熟悉的故事情節當中時，不知不覺間，讀者的管理學素養就悄然建立起來了。

「跟四大名著學管理」是一套富有趣味性和實用性的管理學讀物，無論是初次接觸管理的人、已經學習過管理學知識的人，還是已然在從事管理工作的經理人員，都值得一讀。當那些我們耳熟能詳的場景和故事被一一與管理學思想聯繫起來，當CEO、高管、經理人、員工這些職位，和劉備、諸葛亮、唐僧、宋江、賈母……這些鮮活無比的人物形象結合在一起時，讀者不僅會覺得輕鬆有趣，更能夠在不知不覺間，領略到管理學思想的魅力與價值。

目錄
contents

contents目錄

第四章　企業與員工的博弈——小紅的跳槽和鴛鴦的「臥槽」

contents目錄

第六章 賈母：最幸福的女企業家

contents目錄

第七章 大觀園的那些事——得人心者得天下

[第一章]

初入職場，要像林妹妹一樣「步步留心」

作為職場新人的林黛玉，初入賈府這個「大集團」就看到了職場的複雜，因此她「步步留心，時時在意，不肯輕易多說一句話，多行一步路，惟恐被人恥笑了他去」。

新人初入職場，就必須像林妹妹一樣「步步留心」。當你第一天走進辦公室的時候，當各色人等帶著各種表情與你熱情握手的時候，你的心裏應該有個聲音提醒你——從今日起，你開始進入了一個新的江湖。而你要做的，就是在這個江湖中找到一個自己的位置。

林妹妹進賈府——職場新人的「拜碼頭」之路

抱著既興奮又忐忑的心情，你開始了新的工作。剛上班的頭幾天，人生地不熟，因此「拜碼頭」，一定是你上演的第一齣戲碼。

林黛玉初進賈府那年，就已經懂得步步留心，時時在意：從接她的幾個三等僕婦的吃穿用度，就揣測出外祖家必不凡；方進入房時，只見兩個人攙著一位鬢髮如銀的老母迎上來，便知是外祖母，急忙拜見。這眼力勁可比現在很多職場菜鳥強多了。不少職場菜鳥在進入職場的前幾個月，在電梯裡碰到老總連個招呼都不打。

當然林黛玉有自己的職場優勢，她是董事長的外孫女，有著裙帶關係，一進職場身分就不一樣，所有職場重要人物都出來迎接，被一一引薦，自然能很快熟悉上司及同事。而作爲職場新人的我們，運氣好的話，主管會帶著你一個部門一個部門地拜訪；若是較倒楣，主管自顧不暇，那麼你只能自力救濟了。

不過不管如何，成功地拜好「碼頭」，不但能奠定良好的人際關係基礎，更能讓自己日後的工作順利推展。對於剛到任的你而言，練就一身合宜的拜碼頭功力，是首要的職場ＥＱ任務。

接下來，就讓我們一探其中的奧妙，分享實際的做法吧！

一、起點，請先記住同事的名字

第一天上班，你肯定想贏得大家的好感，而對任何人來說，與自己關係最密切的莫過於自己的名字。如果別人忘掉了你的名字，那該是多麼令人不快的一件事，對那個善忘的人，你怎麼會產生親切感？同樣，作為新人的你，如果連同事的名字都記不住，又怎能苛求他們主動幫助你呢？

戴爾・卡內基說：「一種既簡單又最重要的獲取好感的方法，就是牢記別人的姓名。」善於記住別人的姓名是一種禮貌，也是一種感情投資，它在人際交往中會起到意想不到的效果。

有一家餐館，每天顧客盈門，座無虛席。別人問老闆：「你們的生意如此興隆，是不是有什麼秘訣呢？」

老闆說：「記住客人的名字，客人一進門，馬上叫出他的名字。」

老闆知道，名字對一個人而言是一種悅耳的聲音，只要是常來的主顧，這名老闆就一定會設法記住他們的名字。

凡是第二次上門的客人，這名老闆大多能立即喊出他們的名字，對此顧客往往感到又驚又喜，心裡有一種暖洋洋的感覺。如此餐館生意自然也會好起來。

作爲新人，如果遇到事情請教前輩，或者在走廊電梯碰到上級、同事，若能叫出對方的名字，帶上合理稱呼問好，就更容易引起對方談話的興趣，讓對方留意到你的存在。

在《紅樓夢》裡，黛玉有一點値得職場菜鳥們好好學習，你看，每引薦一個人，黛玉都會仔細觀察對方的衣著、言談，從而判斷出對方的性格、爲人。尤其是對賈府裡的迎春、探春、惜春三姐妹的衣著、樣貌，黛玉都看得仔仔細細。這三位姐妹以後都是黛玉的「同事」，記錯了人當然不禮貌。

黛玉如此仔細地觀察每個人的長相、衣著，是想快速記住每個人的姓名、特徵，不至於張冠李戴，鬧出笑話。作爲職場新人，你不妨多留心一下上級及同事的樣貌特徵和穿衣風格，這能幫你快點記住他們的姓名，也能讓你從其穿衣風格中看出其性格。如果你所在的公司單位規定穿制服，沒有鮮明的記憶點提供給你，你可以在見面時用眼睛掃一下對方的名牌，快速記住對方的名字。

有位專家曾講過，記住名字和面孔有三條原則：印象、重複、聯想。

一、印象

心理學家指出，人們記憶力的問題其實就是觀察力的問題。面對初次見面的人，如果你想要記住對方的名字，可以仔細觀察對方的相貌、衣著打扮等，儘量將名字與對方的某一特徵關聯起來，以便下次再看到熟悉的外表時，能夠立刻想到對方的名字。如果沒有聽清其名字，恰當的回答方法是：「您能再重複一遍嗎？」如果還不能肯定，那麼你可以說：「抱歉，您可以告訴我怎麼寫嗎？」

二、重複

你是不是有過這樣的情況：新認識的人在十分鐘之內你就叫不出他的名字了。對方在告訴你名字之後，你得多重複幾遍，否則，一般都會忘記。如果一個名字較難發音，你最好不要回避，你可以問：「您的名字我念得對嗎？」人們是很願意幫助你把他們的名字念對的。

三、聯想

我們是怎麼把我們需要記住的事物留在腦海中的？毫無疑問，聯想是最重要的因素，成功學大師卡內基的一次經歷從另一個角度說明了這個道理。

卡內基開車到紐澤西州大西洋城的一個加油站加油，加油站的主人認出了他，雖然他們已經四十年未見了。這太讓卡內基吃驚了，因為以前他從未注意過這位先生。「我叫查理斯・勞森，咱們曾在一所學校上學。」加油站的主人急切地說道。

卡內基並不太熟悉他的名字，還在想他可能是搞錯了。

加油站的主人見卡內基還是有些疑惑，接著說：「你還記得比爾・格林嗎？還記得哈里・施密德嗎？」

「哈里！當然記得，他是我最好的朋友之一。」卡內基回答道。

「你忘了那天由於天花流行，貝爾尼小學停課，我們一群孩子去法爾蒙德公園打棒球，咱們倆一個隊。」

「勞森！」卡內基叫著跳出汽車，使勁和他握手。

之所以發生這一幕便是因爲聯想在起作用，這有點像是魔術。如果一個名字實在太難記了，你不妨問問其來歷。許多人的名字背後都有一個浪漫的故事，很多人談自己的名字比談論天氣更有興趣。

◆延伸閱讀◆

新人「拜碼頭」的五大準則

現在，在一些大公司，新人到職後，會有人事部專員專門帶領新人熟悉辦公環境，給新人介紹各級主管。但很多新人出於羞怯，連頭都不敢抬，走了一趟，人臉都沒看清，更別說記住人家的名字了。所以在這裡教幾招「拜碼頭」的常識，讓菜鳥們有備無患。

一、主動示意，請老鳥帶路

身為菜鳥的你，即使有意願認識新的工作夥伴，但若貿然獨自出擊，也不易掌握公司人際網路的真正運作模式，還可能會給人「太過積極」的負面印象。你可以請熱心的老鳥同事幫忙，主動提出：「我想如果能愈早熟悉別的部門有業務往來的同事，應該就能愈早進入狀況，而完成工作任務。您這麼資深，在公司中人頭最熟，是不是可以麻煩您在方便時帶我去拜會一下大家呢？」

二、出發前先做功課，熟記姓名職稱

許多人在「拜碼頭」時，面對一張張陌生的臉孔以及一個個模糊的名字，會覺得一個頭兩個大，再加上心中的「表現焦慮」，往往一圈走下來，除了一疊名片，所獲不多，因而錯失建立第一印象的良機。

教你一個妙方，在出發前先找到公司的員工通訊錄，或是電話分機指引名冊，以及公司的組織架構圖，這時你就掌握足夠的資訊了。接著趕緊請教一下身邊的老同事，哪些單位的哪些同事是你最有可能的合作對象，然後發揮準備大考的精神，花些功夫把重要的人名及職稱印在腦中。

這麼一來，等你見到他們本人時，不但會覺得輕鬆自在許多，還往往能因為記住了對方的名字，而讓對方覺得受到重視，對你產生深刻的好感。如此「拜碼頭」的超級任務，也就達成了一大半！

三、重視名片，就是重視對方

中國人在新同事來「拜碼頭」時，會習慣性地遞出名片，以做自我介紹。此時如果你只瞄了一眼，就把對方的名片隨手收入口袋，或者更糟糕地把它隨手一放，可就大為不妙了。因為名片如人，你怎麼對待他的名片，就如同怎麼對待他的人。所以名片被忽視及摧殘，會讓對方覺得自己也被你忽視及摧殘了。

高手的做法是，雙手接過名片之後，先仔細地把上面的訊息看一遍，然後有禮貌地複述名片上的重點訊息，名字及職稱尤其是重點，例如：「您是財務部的王大德王副經理」或者「喔，陳副總，您是名校的ＭＢＡ」。之後抬起頭來，微笑著直視對方，表示很高興能認識他，並希望他日後能多多照顧。

在談話的過程當中，請盡可能把對方的名片拿在胸前的高度，這一方面能表示對對方的重視，另外，萬一突然忘記他的大名，只要瞄一眼，就能解決困窘了。

四、準備令人印象深刻的自我介紹

「拜碼頭」的時候，剛到職的你往往還沒有名片可以投桃報李，所以自我介紹的工作就得特別用心。

要是帶著你「拜碼頭」的同事或長官，沒能把你介紹得令人難以忘懷，只是報個名字就了事，那麼這時你就要接口補充，做個令人印象深刻的自我介紹。

首先當然是介紹自己的姓名，想個讓自己的名字好記又有趣的介紹詞吧。例如有人這麼介紹自己：「我姓豐，我媽本來說如果生的是女兒就叫『豐滿』，是兒子就叫『豐（風）流』，但是看到我的長相，覺得先天不足，所以就取了個『豐富』了。」

只要多花心思，你一定能為自己的名字找到最佳的登場儀式。如果名字有些複雜罕見，你可以事先將名字寫在空白名片上，屆時給對方作為輔助。此外，不妨幫自己取個綽號或小名，以方便大家記得你。例如：「請叫我陶子，跟陶晶瑩同名哦」，或想個英文名字：「請叫我Amy」。

接下來，別忘了提一提自己的專長：「我從小就喜歡玩計算機，所以後來念了會計。」

總而言之，如果三五分鐘拜完了碼頭後，每個人都能對你留下深刻的印象，那就對了。

五、表達熱誠，虛心請教之意

「拜碼頭」最重要的工作，是建立人脈，讓自己早早脫離菜鳥期，所以最後別忘了誠懇地表明：「我剛來公司才幾天，有很多事情要多跟您請教、學習，也請您日後多多照顧。」說完別忘了附贈一個燦爛的微笑。

如此一來，拜完碼頭的你，能真正贏得人心，跨出漂亮的第一步。

二、觀察：儘快熟悉自己的工作崗位

一位知名電視臺的節目策劃人曾說，最難以理解和忍受的是，一些新到職的員工對自己的工作「完全不開竅」，不知道自己該做什麼。有一個新招聘來的名牌大學的研究生，跟隨他一起工作已半年時間了，卻一直不知道自己該做什麼，有時候，這位新人還忍不住向製片人抱怨說「太閒了」、「沒什麼正事可做」。消息傳到這位節目策劃人的耳朵裡後，他忍著不悅把這個大學生叫過來：「你能告訴我，怎麼給我們的節目作市場推廣嗎？」大學生倒也不含糊：「不就是發發信、打打電話嗎？」結果可想而知。

那些對自己的工作崗位情況不瞭解的人，是不可能在短時間內很快適應工作的。作爲新員工你一定要熟悉下面幾點：

熟悉內部組織

當你初到新公司上班時，首先，必須瞭解公司內部組織，如有哪些部門或哪些科室，每個部門主管是誰，所負責的主要工作是什麼。除此以外，你還要瞭解公司的經營方針和工作方法。

熟悉企業文化

企業文化是企業生產經營實踐中形成的一種基本精神和凝聚力，以及企業全體職工共同的價值觀念和行爲準則。也有一些公司會把這些「行爲」形成文字並編印成冊。如有家著名的IT公司曾一度規定男士不能穿休閒鞋，不能打綠色領帶。大多數公司則沒那麼多繁文縟節，甚至沒有成文的規定。爲了儘快融入公司，你必須學會察言觀色，並且不恥下問。

熟悉規章制度

如果你在員工手冊中已看到了公司的規章制度，那麼在現實生活中你還得領會：哪些規章制度正被嚴格地遵守著，哪些不是？公司裡不成文的規章制度又是什麼？如果你不能很好領會，就會在日後的工作中「碰釘子」，並且永遠意識不到自己在哪裡犯了錯。

當然，要熟悉上述繁文縟節得花上一段時間。所以，一個新員工起碼應該像林黛玉一樣，用謙虛的態度去認真學習。

用心觀察

黛玉初進賈府，拜見兩位舅母時，均仔細觀察了周圍環境。邢夫人攜黛玉進入院內，「黛玉度其房屋院宇，必是榮府中花園隔斷過來的。進入三層儀門，果見正房廂廡遊廊，悉皆小巧別致，不似方才那邊軒峻壯麗，且院中隨處之樹木山石皆在」。再看二舅媽王夫人院內，「上面五間大正房，兩邊廂房鹿頂耳房鑽山，四通八達，軒昂壯麗」。黛玉一邊觀察一邊思考，自然能看出賈母對兩位舅舅的不同。

每個公司都有自己的流程，這和公司的文化、制度密切相關，所以你要儘快瞭解自己的工作職能，包括工作職責、管道、工具、聯繫人等等。

作爲新人沒人教，沒關係，學習林黛玉，注意觀察細節，看看別人是怎麼做的，其次，要自學。比如，完成一天工作後，發現自己的Excel表格用得不熟練，下班回家就要找資料學習一下，多練習幾次，儘快熟練起來。你還可以向同事請教，但不要一有小問題就不分時間和場合地問同事，先自己找找答案，實在解決不了的，再趁同事不太忙的時候去請教。

態度要謙虛

職場和校園是兩個概念，很多在學校表現出色的學生在職場卻頻頻碰壁的原因，往往是自視甚高，缺少謙虛的態度和學習精神。

黛玉去拜見大舅舅，雖然大舅舅托身體不舒服未曾見，但大舅母邢夫人轉告大舅舅的話時，黛玉忙站起來，一一聽了。隨後黛玉拜見王夫人時，仔細聽了她對自己的「工作要求」：多跟著三個姊妹一處念書認字學針線，不要睬那個混世魔王——賈寶玉。黛玉一一答應。

只有瞭解了自己的工作崗位，知道了自己的職責所在，你才能更好地進入工作狀態。

學會主動問一聲

有很多職場新人嘴上說要改變自己，可是在相當長的一段時間內，還是一種學生的心態和習慣——不清楚上司對自己的要求與期望是什麼，又怯於詢問。如果上司沒有說清楚你的職責範圍，也沒說明對你的工作要求，你應該謙虛求教，向上司討教清楚你在工作中的具體職責，直到完全明白爲止。你不必擔心上司對此會有什麼不滿，如果你悶不吭聲地亂做一氣，最後把事情弄得一塌糊塗，你的上司更有可能要炒你的魷魚。只有弄清自己在公司所扮演的角色，搞清楚自己的職責，正確履行自己的職責，你才能準確高效地完成工作，這更有利於你工作的開展。

有一個博士到一家化學研究所工作，他是研究所裡學歷最高的一個人，因此平時大家都對他禮讓三分，他對人也愛理不理的。

這天他吃過午飯，出來抽根菸，散散步，就走到了辦公室後面的一個小池塘邊上，那兒正好有兩位同事在聊天。博士不自然地笑了笑算是打招呼了，心裡想，跟這兩個大學生有什麼好聊的呢？

正在此時，博士忽然發現一個同事往池塘裡一腳跨下去，還沒等他明白過來，就見那同事「蹭蹭蹭」幾步從水面上如飛般地走到對面去了——對面是一個廁所。

博士以為自己的眼睛出了毛病，難道這個人會「水上漂」不成？可是，那同事上完廁所回來的時候，同樣是「蹭蹭蹭」地從水上走回來的，還對另一位同事說：「該你了！」於是，另一位同事也站起來，走幾步，「蹭蹭蹭」地飄過水面上廁所去了。博士差點昏倒：不會吧，自己到了一個江湖高手雲集的地方？

博士本來並不內急，即使內急也可以回辦公室樓上上廁所。但是被兩位同事一激，他硬著頭皮，也起身往水裡跨——我就不信大學生能過的水面，我博士生不能過！只聽「咚」的一聲，博士栽到了水裡。兩位同事嚇了一跳，合力將他拉了上來：「你這是幹什麼？」

博士一身的水，狼狽不堪，氣急敗壞地反問：「為什麼你們可以走過去呢？」

兩位同事恍然大悟，相視一笑：「這池塘裡有兩排木樁子，由於這兩天下雨漲水正好被淹在水面下。我們都知道這木樁的位置，所以可以踩著樁子過去。你怎麼不主動問一聲？」

是的，主動問一聲，這看似簡單的道理，卻是許多所謂具有高學歷的人所想不到，或者想到了，也不願意去做的。這其中大部分人都有怯生心理，認爲：任何一個人到陌生的工作環境，都免不了要被動點。而另一部分人是抱著「防人之心不可無」的心態，總覺得一開口問人，自己就會被人認爲是「笨蛋」、「弱智」，有破壞形象之嫌。

「主動問一聲」可以說是職場的第一道門檻，先摸熟工作環境，學會和同事打交道，比學習業務更重要。這道門檻若跨不過去，職場之路難免磕磕碰碰。

看看下面這些問題，你有沒有「主動問一聲」過？

◎公司的規模和發展模式

公司是在何時何地創辦的？經營範圍是什麼？是否是集團企業？公司發展是處於

上升期還是衰退期？公司有哪些部門和子公司？有多少職員？有多少客戶？有多少經營場所？有跨國分公司嗎？

◎公司的發展方向

公司提供什麼服務或經營哪種產品？目前的工作重點是什麼？公司的前景如何？公司存在的問題是什麼？公司是否正在研發新產品或有新專案？公司的競爭對手是誰？經受過什麼挫折？最輝煌的業績是什麼？

◎公司的文化與信譽

公司管理正規還是隨意？公司的經營理念是什麼？管理體制是什麼？人際關係是否融洽？有什麼關於公司管理人員的傳聞嗎？是否解雇過年老的員工或有類似性別歧視的事情發生過？

三、瞭解哪些人是掌握命脈的「重量級人物」

新員工來到新的工作環境，除了要仔細瞭解自己的工作內容、職責之外，還要瞭解這個工作體系中哪些人是掌控命脈的重量級人物。在這個名單中，你不僅要緊盯著擁有各種管理頭銜的各級上司，還要關注那些職位不算高、職稱不算響亮卻掌握著一定特殊權力及資訊的「隱形掌權人士」，例如總經理的特別助理、上司的秘書、上司的朋友、各部門的部長、科長，還有員工中人人都尊敬的資深員工們。

王熙鳳一出場，黛玉就對其進行了仔細觀察。雖說是初次見面，但黛玉之前已經做過功課，對王熙鳳的地位、關係均有所瞭解。「黛玉雖不識，也曾聽見母親說過，大舅賈赦之子賈璉，娶的就是二舅母王氏之內侄女，自幼假充男兒教養的，學名王熙鳳。黛玉忙陪笑見禮，以『嫂』呼之。」

黛玉去王夫人宅裡小坐的時候，聽聞王夫人聊起賈府的重要人物——寶玉，也是極仔細地聽了，將王夫人說的一一記下。

寶玉發脾氣摔玉，賈府上上下下緊張慌亂，賈母的心疼，黛玉看在眼裡，知道府裡寶玉是最受疼愛的，那玉也是被賈府人視為命根子的。當下覺得自己初來就惹得寶玉發狂摔了玉，若摔壞了，豈不是自己的錯。

正難受呢，襲人過來安慰，黛玉對寶玉的這位貼身大丫環非常客氣，稱為姐姐，並讓座到自己的炕上，探問起來：「究竟那玉不知是怎麼個來歷？上面還有字跡？」

黛玉很清楚，賈府裡除了各主子，幾個重量級的丫環也是不可小覷的，她們都在重要人物身邊，說起話來有時候比正經主子還管用。

許多職場新人，入職後最大的難處不是無法開展工作，而是不知道怎麼融進圈子，不知怎麼處理好公司複雜的人際關係。每個職場都有自己的圈子、派系。新入職的人往往搞不清楚，因爲得罪一個人，而得罪一個圈子，或者在兩大圈子的派系鬥爭中成爲犧牲品。新人要特別注意，進入職場，少說多聽，不要隨便傳流言，搬弄是非。

具體來說，我們可以從下面幾個途徑儘快地融入公司圈子。

利用好與人合作的機會

與人合作的過程，實際上就是結交朋友的過程，這是擴大社交範圍的好機會。眾所周知，志同道合的人才能成爲真正的朋友，共同的事業是尋覓知心朋友的前提條件。因此，你在工作中不要拒絕任何與人合作的機會，要發掘與他人的共同事業，這樣才能廣交各路好友，爲自己實現人生理想推波助瀾。

培養自己的好奇心

一個興趣、愛好廣泛的人，在人際交往中占很大優勢，易於與各種人結交朋友。但如果你的愛好單一，在與人交談的過程中就要注意一些問題。比如即使對方談論的一些事你並不擅長，你也要表現出強烈的興趣，這樣就能博得他的歡心，贏得他的好評。如果對方恰好能對你的工作提供幫助，他肯定會毫無保留地幫助你。不管什麼樣的集體活動，不管受到誰的邀請，你都要興致勃勃地去參加。只有這樣你才能讓人感受到你的魅力，讓人感受快樂的氣氛，同時也讓自己快樂。

儘量克制自己的性格

俗話說，物以類聚，人以群分。志趣相投的人湊到一起，很容易成爲朋友，因此許多人在選擇朋友時都習慣性地選擇志趣相投的人。但是，社交與結交朋友是兩碼事，社交圈中結交的「朋友」，並不是我們平常所說的朋友，而是生意或工作上的夥伴。因此，在公司的社交過程中，你不能以結交朋友甚至是知心朋友爲標準，而應該抱著互相學習、互相借鑒的心態，接受各種各樣的個性。

積極參加集體活動

有些公司每逢週末、節日都會舉辦聯誼會、舞會、茶話會等慶祝活動。如果你想多結識一些朋友，多尋找一些發展機會，那麼即使你喜歡獨處，也要積極參加。

在現實生活中，有些人只知道埋頭做自己的事，拒絕與他人一起幹。他們認爲參加集體活動是浪費時間，因此只做自己想做的事，從不顧及他人的感受。一個把自己孤立於集體之外，不顧他人感受的人，必然是一個團隊合作意識淡薄的人，這樣的人不僅無法結交朋友，在工作中也很難取得突破。

需要注意的是，參加聚會、聯誼會等集體活動時，絕對不能流露出一絲不情願、不耐煩的感情。否則不僅會敗壞周圍人的興致，你自己也會不愉快。一旦參加活動，你就要竭盡所能使自己以及身邊的人都快樂，充分展現自己的性格魅力，因爲一個有性格魅力的人，一定是受大家歡迎的人。

像林妹妹一樣巧妙「避雷」——注意「職場潛規則」

每個公司都有自己的企業文化，不管這企業文化是印刷成文的，還是約定成俗的，都是員工必須要遵守的。

作爲職場新人，你的第一門功課是要巧妙「避雷」，保護自己，不要在無形中被職場潛規則炸得找不著方向。我們仔細看一看初入賈府的林妹妹是如何細心發現並巧妙回避賈府「潛規則」的，便可以從中獲得不少啓迪。

一、「座位」有時候是「職位」的象徵

昨天是任婷婷第一天到單位報到，她被分在策劃部，做文案。作為新人，任婷婷已經做好了從基層開始的準備。昨晚她早早入睡，還特意把鬧鐘調早了半個小時，她想，自己早點到辦公室，應該能給部門主管和同事一個勤快認真的好印象。

果然，任婷婷是部門裡第一個到的員工，她擦完桌子，掃了地，坐到辦公桌前，想像著一會兒上司、同事進來看到乾淨整潔的辦公室，而後誇獎自己。

這時，電話響了，是部門主管桌上的電話。任婷婷過去幫忙接電話，對方要任婷婷記錄下來代為轉告，任婷婷找到紙筆，為了記錄方便，就順勢坐到部門主管的椅子上。

她正記錄著，部門主管和幾位同事陸續到了，主管看到她坐在自己的位置上，臉色明顯不好看：「你在這裡幹什麼？」語氣帶著責備。

任婷婷看到主管緊繃的臉，趕快解釋：「剛才電話響了，我就過來幫您接，剛在記錄電話內容。」「好了，沒你事了，回到自己座位上去。」部門主管依然是冷冰冰的語氣。

任婷婷一臉委屈。自己是好心幫忙，到底哪裡錯了？難怪別人說多做多錯，早知道自己不如什麼都不做。她抬頭看向周圍的同事，想從他們那裡尋得一點答案，但大家都開始忙自己的，視她如空氣般，沒人搭理。

週一早上九點半，公司例會時間。任婷婷學著同事拿了本子、筆到會議室，按大學的習慣在第三排靠邊坐下，別的部門的一個同事過來站在她旁邊，她以為那人在找位子，就說那邊還有空位。這時她辦公桌旁邊的小李在後面叫她：「任婷婷，過來，坐這吧。」任婷婷不明原委，不過有同事主動和自己說話，她很高興，就趕快走到同事身旁坐下。

「你怎麼傻乎乎的，也不會看一下，座位可不是隨便坐的。」同事小聲說。

「啊，還有這樣的規定？」任婷婷一臉不解。

同事耐心解釋說：「哎，這是公司約定俗成的規定。第一排都是各部門經理坐，第二排是各分部主管坐，第三排是給公司帶來最多效益的市場部坐。我們策劃部在公司不屬於重點部門，就靠後坐。」

職場真複雜！任婷婷不禁倒吸一口涼氣。

可見，每個公司都有自己潛在的職場江湖，在這裡自有它的排序。「座位」在職場裡就是職位的象徵，坐了別人的座位，就會讓對方形成你要侵犯他職位的心理暗示，如此對方自然會對你產生敵意。

《紅樓夢》書中寫到黛玉去拜見二舅母王夫人那一段——

「老嬤嬤們讓黛玉炕上坐，炕沿上卻有兩個錦褥對設，黛玉度其位次，便不上炕，只向東邊椅子上坐了。本房內的丫鬟忙捧上茶來。黛玉一面吃茶，一面打量這些丫鬟們，妝飾衣裙，舉止行動，果亦與別家不同。茶未吃了，只見一個穿紅綾襖青緞掐牙背心的丫鬟走來笑說道：『太太說，請林姑娘到那邊坐罷。』老嬤嬤聽了，於是又引黛玉出來，到了東廊三間小正房內。正房炕上橫設一張炕桌，桌上磊著書籍茶具，靠東壁面西設著半舊的青緞靠背引枕。王夫人卻坐在西邊下首，亦是半舊的青緞靠背坐褥。見黛玉來了，便往東讓。黛玉心中料定這是賈政之位。因見挨炕一溜三張椅子上，也搭著半舊的彈墨椅袱，黛玉便向椅上坐了。王夫人再四攜他上炕，他方挨王夫人坐了。」

隨後，黛玉去賈母那裡用餐——

「賈母正面榻上獨坐，兩邊四張空椅，熙鳳忙拉了黛玉在左邊第一張椅上坐了，黛玉十分推讓。賈母笑道：『你舅母你嫂子們不在這裡吃飯。你是客，原應如此坐的。』黛玉方告了座，坐了。賈母命王夫人坐了。迎春姊妹三個告了座方上來。迎春便坐右手第一，探春左第二，惜春右第二。」

可見林妹妹已經學會細心觀察哪裡是自己可坐的，哪不是自己的位置。職場新人要好好跟黛玉學下「座位的文化」。

場景一：上車

如果跟上司出去辦事，千萬別自己先上了車把上司晾在後面。你一定要先打開後座車門，等上司上車後，關上車門，自己坐到副駕駛座上。

場景二：餐桌

出去見客戶或跟上司、同事吃飯，最普遍的規律是左側爲上座。即便是西方人也會認爲坐在右邊的人用左手襲擊他的可能性較低，所以這個座位是留給你最需要保護的上司的。如果可能的話，你可以考慮守住靠門口的座位，當然不要先一下子就坐下，可以把皮包或外衣放到椅子上，然後先請大家到裡面就座。讓同事們背朝牆壁不僅會讓人更放鬆，也會讓你顯得更謙遜和周到，因爲這個位置通常是上菜的通道。

場景三：開會

開會時，一般前排坐的都是各部門主管，你應估計一下自己部門的情況，跟自己部門同事保持一致儘量坐在一起。要不，坐到前面同事會覺得你野心太大，想引起老闆注意，坐在太後面又會說你沒上進心。

二、王熙鳳是賈府的特例，不代表你也可以——去個性化，融入企業文化

企業文化是企業生產經營實踐中形成的一種基本精神和凝聚力，是企業全體職工共同的價值觀念和行爲準則。爲了儘快融入公司，你必須學會察言觀色，並且要不恥下問，因爲每個公司都會有成文或不成文的習慣做法。

《紅樓夢》中王熙鳳出場那段是這樣寫的：

「一語未了，只聽後院中有人笑聲，說：『我來遲了，不曾迎接遠客！』黛玉納罕道：『這些人個個皆斂聲屏氣，恭肅嚴整如此，這來者係誰，這樣放誕無禮？』」

小小的黛玉剛入賈府就已經看出府裡的人個個皆斂聲屏氣，恭肅嚴整，也發現了王熙鳳的放誕。

王熙鳳是賈府的特例，不代表你也可以。畢竟，人家是賈府管事的，可以有自己的個性，最重要的是，賈府的「董事長」喜歡。想要發揮個性，還是等你成爲大腕級別的人再說吧，作爲新人還是不要特立獨行，先學會融入企業文化當中。

現在有很多職場新人，自我個性過於鮮明。他們的這種自我會在一定程度上阻礙其獲得工作的樂趣。

即便是清高的林妹妹，初入賈府，發現很多事情跟家裡不一樣，也得聰明地先去個性化——

「寂然飯畢，各有丫鬟用小茶盤捧上茶來。當日林如海教女以惜福養身，云飯後務待飯粒咽盡，過一時再吃茶，方不傷脾胃。今黛玉見了這裡許多事情不闔家中之式，不得不隨的，少不得一一改過來，因而接了茶。早見人又捧過漱盂來，黛玉也照樣漱了口。盥手畢，又捧上茶來，這方是吃的茶。」

每個企業都有自己的規則。你既然要在整個企業中成就自我，就要符合這個企業的文化和遊戲規則，而在這個規則之內，你要盡可能把自己的才華用獨特的方式給展現出來。

簡單地說，新員工入職時通常會有一個培訓的過程，除了技能方面的培訓以外，還會有一些主管或者老員工做一些企業文化的宣講。

拿聯想集團來說，它的企業文化是多方面的，但從企業存在的角度來說，聯想存在的理由有「四爲」：爲客戶，爲股東，爲員工，爲社會。它不斷向入職員工灌輸企業文化，包括各層領導人的講話以及單位牆刊、內刊中的文字展示等，都在不斷向聯想的員工進行著資訊植入。這個資訊被吸收的過程就是去個性化的過程，其本質是通過職場粉碎去除籠罩在真正個性之外的一些不良認知和習慣，這是讓自我個性真正煥發的必要途徑。

對於職業生涯中的不同企業，你會發現它們的一個共通性，就是如果你從根本上和企業文化相悖，並且拒絕改變自我、接受對方，老闆是不會留著你的。

那怎麼將這種觀念外化於形呢？我給職場新人提幾個建議。

第一，要盡可能地隨和、隨主流，對任何事情都不要頑固地堅持。

第二，碰到集體活動，一定要多參與。

第三，在別人面前，始終傳遞積極的信號。

第四，任何情況下，都不要說別人壞話；即使想說，也請當面說。職場有太多太多的學問。「菜鳥」不能耍個性，否則會變成「傻鳥」。對於「菜鳥」來說，謙虛總是沒錯的，你表現得陽光、積極、簡單一些，「傻傻」地去努力就行。等過了一段時間，你會驚喜於自己的成長。

◆延伸閱讀◆

注意職場細節，跳開職場陷阱

1.信封

一位資深人力資源主管說，他曾收到過這樣一封簡歷，信封是應聘者第一家工作單位的，簡歷上每頁的右下角都列印第二家公司的標記。這種行為讓人力資源主管覺得此人一貫的工作方式以及個人素質都值得商榷。

很多企業在收到應聘簡歷時，會把一些信封上印有原公司名字的簡歷在第一輪就淘汰掉。原因很簡單，將公司業務交往用的信函私自挪為己用，是對原公司的極不尊重，同時也是應聘者個人行為很不負責任的一種表現。

2.電話

誰也不能避免在上班時間接聽幾個私人電話，但是接私人電話時間過長就會佔用上班時間，讓自己暫時脫離工作狀態。另外，接聽私人電話，會干擾到周圍的同事，所以，請在三分鐘之內結束私人電話，避免自己被瑣事干擾，這對自己和工作都是一種負責的態度。

3.電腦

很多公司不允許員工在公司用電腦玩遊戲，網路聊天自然也是被禁止的，但仍有人利用公司的內部網路鑽漏洞。一位員工通過網路在一家國外的成人網站下載了許多圖片，不料這筆高額費用算到了公司的頭上，清查之下，這位員工失去了這份相當不錯的工作，並且個人形象方面也大為受損。

4.私人會談

對私人朋友來訪，很多公司都專門設有會談室，而不允許客人進入到工作區。有的公司在時間方面也有著較為嚴格的規定，一般只允許在休息時間接待這種來訪，即使是急事，也要盡可能的簡短。

5.報銷

大部分企業在審核出差或商務應酬報銷時，都會核對時間地點。如果其中有意或無意地混入一些個人票據，那後果不言自明。

拼能力更拼心態——職場「林妹妹」要克服的心理瓶頸

林黛玉初入職場，謙虛有禮、步步留心，前期工作做得不錯，但是在心態上，林黛玉還沒有調整過來。她清高敏感，總有種寄人籬下的自卑感，又不懂得隱藏自己的情緒，常常因敏感而得罪「同事」，因自卑而傷心落淚。這讓她以後的職場路走得異常坎坷。

職場新人以及不成熟的職場人最容易犯的毛病之一，就是心態不成熟，遇到一點事情就承受不住。

林妹妹之所以心理素質不佳，「風刀霜劍嚴相逼」的客觀環境只是一方面，不善於進行自我心理調整是另一個重要的原因。史湘雲和她一樣，不僅父母雙亡，寄居在親戚家中，沒有知疼知暖的寶哥哥在身邊，處境比她還要苦上一層，卻能整日一臉的陽光，把笑聲灑遍大觀園的每個角落。為此，史湘雲曾勸過林妹妹：「你是個明白人，何必作此形象自苦。我也和你一樣，我就不似你這樣心窄。何況你又多病，還不自己保養。」

由此可見，現實雖殘酷，但若能勇於面對，時時不忘進行自我調解，柔弱的林妹妹也能把自己的神經磨礪得如同鐵絲一樣硬。

職場上，拼能力更拼心態，調整好心態，積極面對，把基礎打牢，踏踏實實地付出，才能讓自己變得與眾不同。

一、不做「草莓族」，學會面對壓力

林黛玉因母親早逝，來到賈府，雖有外祖母的寵愛，可心中難免自卑。王夫人的「貼身辦事員」周瑞媳婦，幫薛姨媽去給賈家的小姐們送宮花。周瑞媳婦挨個送花，最後送到了林黛玉那裡。當林黛玉得知是每個姐妹都有時，就冷笑道：「我就知道，別人不挑剩下的也不給我。」因為自卑，她總覺得自己不被重視，總覺得，別人挑剩了才輪到自己。

過份敏感，讓林黛玉在職場顯得特別脆弱，但她偏偏不懂得隱藏自己的情緒，讓周圍的同事都覺得她太過敏感，下人也都覺得她不好相處。

林黛玉的表現，就像現代的職場「草莓族」，雖外表光鮮好看，但卻極其不抗壓，說不得道不得，更別說給他壓擔子讓他迎難而上。

要在職場好好發展，就不能當職場的「草莓族」。「草莓族」的具體表現有：

不願意長大，總想別人哄著

女子團體S.H.E有一首歌叫《我不想長大》，當這三個年紀已經不能算小的女生一遍遍唱著「我不想不想不想長大」的時候，我們在覺得好玩的同時，不禁會想，這哪裡是三個女生的心聲，這簡直是很多人共同的心聲。

爲什麼有些人有不願意長大的心結呢？因爲不長大好啊，小孩子可以不負責任，做錯了事情大人會原諒，總被別人哄著，可以撒嬌，想要什麼就能得到什麼。

曾經有位人力資源總監很苦惱地和我談論過這個問題。他說，今年部門新招了幾名女員工，這些女孩子有很可愛的一面，活潑開朗、心地單純，但就是經不得一點批評。其中有個女孩子時間觀念很差，老是遲到，儘管自己強調多次也沒用。

有一次開會，她又遲到了，所有人都在等她。他忍不住批評了女孩幾句，誰知道女孩竟然當著大家的面哭了起來，先是默默掉眼淚，接著忍不住大哭起來，弄得一屋子的人面面相覷。最後他不得不請女孩先出去，等情緒穩定後再進來。

他說，對某些新招聘的員工，自己說話得小心翼翼，要特別注意語氣，交代他們做事的時候，得儘量用「好不好」、「行不行」等這樣哄人的詞句，否則他們會覺得你過於嚴厲、自己受了委屈。帶這幫新人，只有一個字：累！

這或許是很多領導者的共同感受。但職場畢竟不是家庭，上司也不等同於父母，如果意識不到這一點，你就永遠不可能有成長。所以，要想告別「草莓族」，第一步就是去掉「長不大」情結。

不願意承擔責任

這具體表現爲：做事馬馬虎虎，過得去就行，不是自己的事生怕多出一分力；一說要挑擔子第一個反應就是「太難了」「做不了」；一有困難和壓力就恨不得能躲多遠就躲多遠，實在躲不過去，就勉強應付，或者乾脆不幹了。

你若從小到大沒有承擔的習慣，心理上也沒有承擔的準備和能力，自然就不會有負責任的精神。但工作就意味著責任，這是誰也改變不了的事實。如果你認識不到這一點，還是把原來的習慣搬到職場裡，走到哪裡都會碰壁。

總希望別人包容

這最典型的表現是：不管是自己做得不到位還是做錯了，都希望別人能理解和包容，自己做不好的事情，最好是有經驗的同事和前輩能主動替自己去完成。如果做不到這一點，起碼不要對自己嚴加指責和批評，而是和顏悅色、輕描淡寫說兩句就完了。

在家裡做錯了事，父母都不說什麼，甚至爲了照顧自己的情緒還會安慰自己，憑什麼上司老是批評自己，同事老是那麼多要求，嫌自己這也做得不好，那也做得不對？但反過來想想，上司和同事有什麼理由要包容你？職場不是撒嬌的地方，而是做事的地方，包容你就等於害了你，讓你無法獨立，得不到成長。既然進了職場，你就有義務提升自己的能力，你在什麼崗位，就應該發揮什麼作用，不能成爲單位和同事的負擔。

受不得一點否定

這最突出的表現是：只能接受表揚，接受不了批評。一旦遭到哪怕是小小的否定，都會覺得天塌下來了，負面情緒一覽無遺——情緒低落，消極怠工，覺得做什麼都沒有價值，甚至和主管、同事對著幹、逆著來。

某公司新來了一位實習生，沒幾天，主管就讓他做一個方案。方案做出來後，主管覺得有很多不足的地方，於是給他提了些修改建議。剛開始的時候，實習生還聽得很認真，但指出了三、四條之後，他明顯不開心了，甚至和主管爭辯起來：「我覺得自己的思路沒有錯，在學校裡就做過類似的方案，還得了二等獎。」他越說越激動，最後說了一句，「我想，我們的理念不太相同，我看我還是到別的公司去試試。」

每個人都渴望得到肯定，希望在別人的肯定中體現出自己的價值，在別人的肯定中看到自己的成長。不可否認，肯定對於每個人的成長非常重要，因爲只有在肯定中，我們才能找到自己的位置，堅定自己的信心。但光有成長還不夠，成長之上是成熟，成熟的一個重要標誌就是能夠理性地認識自我和外界，並能夠獨立自主甚至挑大樑。而成熟，往往來自於「折磨」。

二、不要太敏感，平穩度過「蘑菇期」

黛玉天生麗質，氣質優雅絕俗，「心較比干多一竅，病如西子勝三分」。

書中第二十二回，眾人都看出臺上唱戲的小旦眉眼有點像黛玉，因想著她素日小性，都不願說出來，偏偏史湘雲無所顧忌地在寶玉給他使眼色之下還是說出來了，這讓林姑娘脆弱的心再次受傷。尤其是跟她最親的寶玉還給湘雲使了眼色，她當時強忍著沒發火，回到住處才連珠炮式地向寶玉傾洩：

「我原是給你們取笑的——拿我比戲子取笑？」

「這一節還恕得。再者，你為什麼又和雲兒使眼色？這安是的什麼心？莫不是他和我頑，他就自輕自賤了？他原是公侯的小姐，我原是貧民的丫頭，他和我頑，設若我回了口，豈不他自惹人輕賤呢。是這主意不是？這卻也是你的好心，只是那個偏又不領你這好情，一般也惱了。你又拿我作情，倒說我小性兒，行動肯惱，你又怕他得罪了我，我惱他，與你何干？他得罪了我，又與你何干？」

黛玉小心地保護著自己的自尊，深怕被別人恥笑，可是過於敏感，反而過猶不及。

很多職場新人都有這樣的經歷：本以爲埋頭苦學十幾年，終有一日可以大展身手，卻發現自己被分配到不受重視的部門；被安排做打雜跑腿的工作；得不到必要的指導和提攜；像「蘑菇」一樣，在「陰暗」的角落裡自生自滅；經常會遭受無端的批評、指責，代人受過。因此他們怨天尤人，覺得生活對自己太不公平，甚至有人乾脆放棄了當初千挑萬選的工作。

新人往往會覺得這是企業對自己的歧視，然而事實並非如此。

這段毫無光彩的「蘑菇期」對企業和個人都大有好處：可以使企業和新員工之間進行最大限度的磨合和適應。充當一個默默無聞的「蘑菇」，是絕大多數職場新人走向成熟的必經之路。

對員工來說，一些簡單的、沒有技術性的基礎工作，是瞭解企業的生產經營狀況和客戶的基礎。對企業來說，管理者可以從一件小事、一個細節中發掘人才，充分發揮人才的優勢，促進企業的發展、壯大。

剛進入企業的大學生專業水準不相上下，人格特質卻迥然不同，企業更願意選擇踏實肯幹、責任感強、積極主動並善於思考的新人。持之以恆地完成簡單任務、做好「小事」，會讓你在周圍的人中脫穎而出，上司也會放心地委以重任。而那些急功近利、心浮氣躁的人，連芝麻綠豆大的事都做不好，怎麼可能擔當重任呢?換個角度去思考，如果你是主管，你也會做同樣的選擇。

但是從職場新人的角度來看，當躊躇滿志的理想遭遇「暗淡無光」的現實，自信必然會受到重大打擊，從而讓你喪失工作的熱情，產生敷衍應付的態度。因此，如何快速、高效地度過職業生涯中那段最痛苦難熬的「蘑菇期」，積累工作經驗和人生閱歷，是每個職場新人必須解決的問題。

積極認真的工作態度，是你脫穎而出的先決條件。認真對待你所從事的工作，不放過任何雞毛蒜皮的小事和看似微不足道的細節，並竭盡所能地把它們做到最好，能爲你的發展之路奠定堅實的基礎。

要想改變環境，就要先適應環境，知己知彼才能百戰百勝。對職場新人來說，進入一個並不滿意的公司，被安排到一個並不起眼的崗位，做著無聊的工作時，適應環境是第一要務。能很快適應並融入環境的人，才能更好地完成自己的工作，反之就只能將自己置於痛苦的深淵。從這個角度來說，「蘑菇期」對新人至關重要，它直接決定了你日後的工作，甚至一生。

低調做人能讓你得到更多的注意。年輕人在做完工作、取得成績後，總是渴望得到上司和同事的讚賞，但是，並不是你的每一點成績都會引起別人的注意。只有腳踏實地地做事，取得更大的成績時，你才能一舉成名，成爲上司和同事關注的焦點。

「蘑菇期」不僅是對一個人專業知識的考量，還對一個人的職業道德、耐心、毅力等多方面的能力提出了更高的要求。這時，很多年輕人選擇逃避，但這解決不了任何問題。就算你僥倖繞過了這個難關，還會遇到千萬個相似的難關，你總不能當一輩子的「逃兵」吧？

鎖定一個目標，然後持之以恆地努力，只有這樣，你才能更快地度過「蘑菇期」。厚積薄發，方能遊刃有餘。只有在這個艱難的過程中不斷積累寶貴的經驗，提高自己的工作能力和個人素質，你才能爲自己鍛造出更強的競爭力，走上通往職業成功的道路。

三、職場「林妹妹」的自我調節術

大學生初入職場，面對與學校環境完全不同的職場環境時，絕大多數人難免緊張，找不準自己的位置，工作起來如履薄冰，處處小心，事事在意，真有點林妹妹初入賈府的感覺。對此，我們要學會的是自我調節。

回避

如果你覺得暫時沒辦法應對困難，要及時鳴金收兵，而不要一味地「較真」，顯示自己的「剛毅」，這樣反而會壞事，同時也自添煩惱，亂了心緒。你要爭取一段時間，讓自己靜下心想想對策。

千萬不能像林妹妹那樣想不開，要學會自我安慰。一個人最大的價值並不在於他受過多高的教育、有多好的家境、多體面的長相，而在於他有超強的生存技能。

宣洩

其實林妹妹也知道月有陰晴圓缺、人有悲歡離合的道理，她還曾對史湘雲說：

「不但你我不能趁心，就連老太太，太太以至寶玉探丫頭等人，無論事大事小、有理無理，其不能各遂其心者，同一理也，何況你我旅居客寄之人哉！」

可一遇到事，她還是想不開。

好在林妹妹多才多藝，琴棋書畫樣樣精通，借此把心中的鬱悶排解出了大半，不然可能還沒捱到與寶玉互吐衷情就已花落人亡了。

在令人氣惱的事情發生後，你要想辦法「沒事找事」，分散自己的注意力，不釋放，只會身心俱損，其害無窮。當然，許多人也知道轉移宣洩的道理，可因文化修養和林妹妹相差甚遠，往往容易沉溺於賭博、酗酒這些低級趣味當中，如此，壓力是得到了緩解，可心境卻被慢慢攪亂，健康也受到很大影響，時間一長，意志力會隨之消減。

心境的修煉是需要時間和功力的，言語刻薄、愛耍小性子的林妹妹是應該努力修正自己的。

取得親人支持

其實，林妹妹之所以能在「秋花慘澹秋草黃」的大觀園裡活下去，並有許多浪漫溫馨的日子可懷想，是因為寶玉熾熱如火的愛。如果能和寶玉順利地走進婚姻的殿堂，林妹妹的病自會不治而癒，心理素質也不會那般脆弱。

所以，你要讓親人和朋友充分理解自己事業的重要意義，取得他們的支持和理解。

在職場當中，要快速從被動工作的狀態，轉變到適應和主動工作的狀態是有方法可循的。

職場新人除了調節自己的情緒外，還應抱有以下兩種基本心態：

職場新人基本心態之一：**放開心胸，積極主動面對問題**。

工作中越怕出錯越容易出錯，在心情極其緊張的時候工作，容易影響自己的思考和判斷力。所以，作爲職場新人你要放開心胸，放鬆心情。不熟悉情況，不瞭解環境需要難免會產生誤會，甚至是工作失誤，當工作中出現問題時，你要積極主動地去面對問題，努力找出各種方法去解決問題，而不是逃避問題。你要把所有工作中出現的情況，做得好的，做得不好的，當作一個提高和積累的過程，同時注意總結，爭取以後不犯同樣的錯誤。把工作中的錯誤和失誤當作寶貴的經驗積累下來，將會是人生中一筆寶貴的財富。

職場新人基本心態之二：**不找藉口，通過對工作結果負責，快速提高工作能力**。

工作中出錯了，怎麼辦?有些人的反應非常快，能立刻找出一堆理由說明這件事出錯和自己無關，是別人的責任。如果你作爲管理者，會把工作機會給什麼樣的人?企業會把機會給那些遇到問題不找任何藉口，主動承擔責任去解決問題的人。所以，遇到問題找藉口、推卸責任是小聰明，敢於承擔責任、對結果負責才是大智慧。你能在承擔責任、對結果負責的過程中學到東西、增長經驗，鍛煉自己的心理素質，而好的工作結果又能帶來企業和管理者對你的信任與認同，進一步發展你自己。

與此同時，你還要有可操作的職場快速進步的方法。

方法一：接受工作問職責

在接受一項任務的時候，你要主動問清自己的工作要做到哪種程度，工作結果要達到的標準是什麼？你要明確工作的要求，界定自己可以做什麼，不可以做什麼。

某辦公室文員接到一個工作，校對經理所寫的一篇文章。她改得很努力，連續三天早來晚走。結果她將這篇文章交給經理的時候，卻受到批評。因為她沒有經過經理同意，根據個人判斷，將文章中的一些主要內容刪減掉了。

她的動機是希望將文章修改得更好，但是否要刪減文章裡的內容卻不應該由她決定，因為這篇文章的作者是經理而非這名文員，經理請她校對，她可以提修改建議，並且可以與經理確認，哪方面內容可以改，哪方面內容不可以改，最後改不改內容應該由寫文章的人決定，這叫職責界限。

當接受一個工作時，你要問清楚：上司對自己工作的具體要求是什麼？當要求明確時，如果沒有做到，是沒有完成任務；而做的工作超過了界限，就屬於越界。

方法二：準備工作學經驗

當我們準備開始做一項工作的時候，向以前做過這些工作的老同事或者是上級詢問他們的工作經驗及注意事項，或者主動找一些參考資料，會比自己重新摸索節省時間、資源、財力和物力，可以少走很多彎路，並且更有可能獲得良好的工作結果。

企業裡通常都有一些已經固定了的工作經驗和方法，它們是在前人成功或者失敗的基礎之上，吸取經驗、總結教訓建立起來的，初入職場的人一定要積極地向老同事或者是上級瞭解和學習這些工作經驗和方法，才能少走彎路，更快地走出職場寒冰期。

方法三：請示工作說方案

請示工作時，你不要試圖把自己的問題踢給上級，而在向上級請示工作前做到自己心中有數，至少準備三個以上的解決這個問題的方案。千萬不要說：「老總，這事還做嗎？要做我等您的指令。」作為一個合格的職業人，這種請示工作的方法是不積極的，不利於自己成長和發展。

請示工作的時候你可以說：「關於這個工作，我有三個方案供參考，您看是否可行？方案一是……方案二是……方案三是……」

工作中，下級向上級提出方案時，可能會被接受，也可能會遇到另一種情況，即下級辛辛苦苦花了幾天幾夜的時間制訂出來的方案，期待向上級提出時得到上級的讚揚和支持，但上級只說了一句話：「這個方案不成熟，不能接受。」這時候，作爲下級你心裡會感到有一些委屈，有一些氣餒。有的人甚至會因此而生氣地說：「這麼好的方案你都不接受！你愛接受不接受，下次我不提了！」這樣做就會失去機會，失去了免費向上級學習的機會。因爲上級看問題的高度、廣度、深度和你是有區別的，我們可以從這個過程中學到上級思考問題的方式和工作經驗。

請示工作是初入職場的人經常要做的一件事情，這關係到你今後是否能有更多成長與發展的機會，也是你免費向上級學習的一個很好的途徑。

方法四：實施工作求效果

職場中，我們必須把自己的注意力放在如何才能創造出有利於公司成長和發展的有效工作結果上，只有這樣才能得到組織的認可，才有機會和組織共同成長和發展。

某企業一位新入職的銷售人員做銷售工作已經三個月了，但銷售業績一直很不理想，部門主管問他爲何業績上不去時，他的回答是：「我已經很努力地在做了，每天都和足夠數量的客戶聯繫並定期去拜訪他們，但是他們就是不買我們的產品，我有什麼辦法？」

這位銷售人員顯然不明白企業需要的真正結果不是他和多少客戶聯繫或見面，而是有多少客戶通過他的這些行爲願意購買企業的產品。

效果就是有效的結果，也是被人認可的工作結果。工作效果可能涉及數量與品質、時間成本與財務成本、局部效果與全局效果、目前效果與長期效果、業績成果與人才培養等內容。你應該在實施中注重外界反應，及時調整方案，勇於克服困難，堅持對結果負責，直到達成預期的效果。

方法五：彙報工作說結果

初入職場的人在彙報工作時，往往會有意無意地將工作結果和工作過程混淆在一起，以至上級聽得一頭霧水，不知所云。

有一個下級曾這樣向上級彙報簽協議的工作：「王總，您昨天讓我去見那個客戶，我八點半就去了，我去的時候他還沒到。後來他來了，可是他說很忙，要開會，讓我等一會兒，結果沒想到等到一點多，我中午飯都沒吃，肚子現在還咕咕叫……」這個人描述了半天還是沒有彙報工作結果——協議是否簽定。

人們在彙報工作時說這些過程時，往往是工作結果不好，所以急於說明自己已經做了很多事，自己已經很辛苦了，這其實是無意識地用描述過程來推卸責任。這種做法不應是一個職業人的做法，更不可能成爲上級重用你的理由，作爲職場新人的你尤其要注意這一點。

彙報工作時，首先要說結果，如果上級需要瞭解過程，再說過程。企業是靠著一個個良性的結果運轉的，作爲職業人，你首先要關注的、要彙報的就是工作結果，因爲工作結果才是企業和管理者最關心的。

方法六：總結工作改流程

改進工作流程的能力是職業化素質最直接的體現，也是在職場中取得快速進步的最有效方法之一。一項工作，分幾個工作方式？它們的先後順序是什麼？工作流程是什麼？第一步做什麼，第二步做什麼？注意事項是什麼……你要學會如此一步步地將好的工作經驗總結固定下來。

有一位青年在美國某石油公司工作，他的工作是巡視並確認石油罐蓋有沒有自動焊接好。當石油罐在輸送帶上移動至旋轉臺上時，焊接劑會自動滴下，沿著蓋子回轉一周，作業就算結束。他每天必須反覆好幾百次地注視著這種單調機械、枯燥乏味的作業。然而，此人卻在這份了無生趣的工作中找到了樂趣和突破。他發現罐子旋轉一次，焊接劑滴落三十九滴，焊接工作便結束了。他想，在這一連串的工作中，有沒有什麼可以改善的地方呢？

有一天，他突然想到：如果能將焊接劑減少一兩滴，是不是能節省成本？經過一番研究，他終於研製出「三十八滴型」焊接機。

這個發明非常完美，公司對他的評價很高。不久，這種機器便生產了出來，並運用到實際工作中。雖然節省的只是一滴焊接劑，但這卻給公司帶來了每年五億美元的新利潤。這位青年，就是後來掌管全美製油業百分之九十五實權的石油大王洛克菲勒！

任何一項工作都可以在工作流程上進行改善，以取得更佳的效果。有意識地對工作流程進行改進是成爲一個真正職業人的起點，從這一天起，你不再是一個被動工作的機器，而是一個主動工作的職業人。

如果有正確的觀念、良好的心態，以及快速進步的有效方法，相信職場新人們一定可以儘快走出職場寒冰期，找到自己合適的位置和喜歡做的事，更快地成爲自己想成爲的那個人。

◆延伸閱讀◆

職場新人不做「黛玉」學「寶釵」

五六月份，不少畢業生已經進入工作崗位開啟全新人生，悠閒的校園生活被緊張的職場生活所代替。職場需要的不是「木頭人」，不是尖酸刻薄、心胸狹窄、愛使小性兒的黛玉，職場人當如端莊穩重，溫柔敦厚，豁達大度的薛寶釵。作為職場菜鳥，你是嬌嗔自我的黛玉還是玲瓏自信的寶釵？

★「黛玉」式職場菜鳥

生活在職場，再沒有爸媽的嘮叨、老師的說教，所有的事情都需要你自己去面對，就像生活在賈府中的林妹妹一樣，沒有人會告訴你：這樣不好，那樣不對。因而，有些職場新人渾然不知自己有哪些讓別人討厭的毛病。

這些毛病，被稱作菜鳥的職場「雷區」：

狂妄自大，目中無人，不虛心領教，盲目幻想早晚有一天自己會超越每個人，實則技能達不到企業的要求。

特立獨行，不拘小節，用自己的方式行事，不顧及別人的感受，甚至認為他們已經過時了。對於畢業生來說，求職前，你應充分瞭解企業的文化與要求。選擇了一家公司，就表示你認同了該公司的規定和企業文化，但一些畢業生並沒有做好遵守的心理準備，對於一些企業要求工作時間不穿運動鞋的規章，會表達出「為什麼不能穿運動鞋」的想法。

自由散漫、紀律意識差，總能為自己的失誤找到藉口，不喜歡被別人管教和約束，工作沒有積極主動性。比如，無法按時打卡，或者經常請假。

心理脆弱受不了批評。大學生被稱為天之驕子，在學校中是老師的寵兒，在家是父母的寶貝，因此有些畢業生比較嬌氣懶散。可是進入職場後，工作有時間和品質要求。有些新人被主管批評，可能主管只說了一分鐘，而畢業生要在洗手間哭上半天。

推卸責任，缺乏獨立承擔的能力。一些新人總想找清閒的工作，缺乏獨立承擔的能力。因此，剛入職的學生對於老闆交代的工作只是為了做而做，並不知道老闆希望將事情做成什麼樣，這就如同在學校考試一樣，只達到六十分他就滿足了。如此你和別人的差距會越來越大。

★「寶釵」式職場達人

不違反勞動紀律。老員工總是有些福利的，小動作不會影響他們的工作進度，主管對此也是睜隻眼閉隻眼。很多新人覺得這不公平，感覺盯在自己身上的眼睛太多了，給同學打個電話，就會被人「打小報告」。身為新人，你不要比較這些福利，而應做到上班不遲到，下班不早退，工作時不開小差。

爭做小事印象好。有些機靈的新人，剛進入公司就爭做辦公室的事情，想以積極的表現引起上司的關注，但過一段時間，新鮮勁過去了，就會變得懶惰，沒有什麼表現，讓人覺得前後不一，引起他人的反感。其實，身為新人，你應該多做力所能及的小事，而且一定要低調地持之以恆地進行。比如，影印機沒紙，悄悄加上，飲水機沒水，主動打電話。

懂得溝通的魅力。你要注意對他人的稱呼，如果不知道對方的職務，不管對方和你的職位有多少差距，稱「您」「老師」或「姐」「哥」都是很適合的。你不必刻意討好他人，開玩笑要有「度」，要學會友善地尊重別人。工作之外，你要懂得和同事分享一些自己的興趣愛好，參加或發起週末一起活動等。但是不要和誰都過於熱乎，在沒有搞清楚人際關係前，不要輕易加入公司的小團體。不要談論別人的是非及私生活，不要過多地要求別人。

不害怕犯錯誤。你一定要多向前輩們請教，雖然即便如此也難免會犯錯誤，但千萬不要在接受上級和同事批評的時候，還藉口連連。你應端正自己的態度，積極按照別人的指點，彌補錯誤造成的損失，並主動承認自己的不足，承諾自己不會再犯同樣的錯誤。

不計較個人得失。身在職場，一切為了公司利益，儘管分配到的工作可能並不如想像中的滿意，或許為了工作不得不捨棄在意的約會，但你不要將自己的損失或付出掛在嘴上、記在心裡，須知將本職工作做好，才是對自己最好的證明。面對困難重重的工作過程、不平衡的金錢回報，你不妨試著感激地說：「這是對自己的歷練」吧。

[第二章]

晴雯的悲劇
——職場上最可怕的是找不準自己的定位

晴雯算得上是丫環中的頂尖人物。王熙鳳說過「樣貌最好的要數晴雯了」，從「勇晴雯病補雀金裘」那一回我們能看出，她的女紅也是相當出色的，而賈母把她派到寶玉身邊做貼身丫環，是把她作為準姨娘後備人選培養的。

可是晴雯雖身為丫環，卻心比天高，搞不清楚自己的定位，頂撞上司、諷刺同事……招致了很多人的不滿。最終落得個被趕出園子，香消玉殞的結局。

人最可悲的就是不瞭解自己，晴雯的悲劇正在於此。

自我定位，找到你的位置最關鍵

哈佛大學有一個非常著名的關於目標對人生影響的追蹤調查。調查的對象是一群智力、學歷、環境等條件都差不多的大學畢業生。

調查結果是這樣的：百分之二十七的人沒有目標；百分之六十的人目標模糊；百分之十的人有清晰但很短期的目標；百分之三的人有清晰而長遠的目標。

之後的廿五年，這些受調查者開始了自己的職業生涯。

廿五年後，哈佛再次對這群學生進行了追蹤調查。結果是這樣的：百分之三的人，廿五年間他們朝著一個方向不懈努力，幾乎都成爲了成功人士，其中不乏行業領袖、社會精英；百分之十的人，他們的短期目標不斷地實現，已成爲各個領域中的專業人士，大都生活在社會的中上層；百分之六十的人，在安穩地生活與工作，但沒有什麼特別的成績，幾乎都生活在社會的中下層；剩下百分之廿七的人，他們的生活沒有目標，過得很不如意，他們常常抱怨他人，抱怨社會，抱怨這個「不肯給他們機會」的世界。

其實，這些人的差別僅僅在於：廿五年前，他們中的一些人知道自己到底要什麼，而另一些人則不清楚或不是很清楚。

《紅樓夢》裡，晴雯的失敗也正是在於她沒有襲人那樣清楚地明白自己想要什麼。她與襲人同樣爲賈母指定給寶玉的丫環，襲人搶先一步與寶玉有了肌膚之親，又把麝月、秋紋籠絡在自己身邊，對寶玉的母親更是表了忠心。而晴雯卻完全沒有目標，沒有爲自己鋪設一條道路。

一、晴雯最大的失敗——沒有給自己準確的定位

其實晴雯並非不愛寶玉，看她病補孔雀裘那段就知道。當時晴雯已經病倒幾日，但這件孔雀裘是賈母贈的，非常珍貴，看寶玉著急的樣子，唯一會針線的晴雯掙扎著「坐起來，挽了一挽頭髮，披了衣裳。只覺頭重身輕，滿眼金星亂迸，實實撐不住。待不做，又怕寶玉著急，少不得狠命咬牙捱著。便命麝月打下手，一針一線，一直做到凌晨四點多」。當最後一針補好時，晴雯終於鬆了一口氣，身不由主睡下了。如此拼命，可見晴雯對寶玉的情意。

而寶玉也是喜歡晴雯的，他為搏紅顏一笑，拿扇子讓晴雯撕。聰明若晴雯應該知道寶玉對自己的好，而當時賈母看她樣貌好，人伶俐，把她給了寶玉時，晴雯也知

道，自己跟襲人同樣是寶玉的姨娘的候選人。可是寶玉已經跟襲人初試雲雨，自此寶玉視襲人更比別人不同，襲人待寶玉也更為盡心。

晴雯不是沒有這樣的機會，只是她一直以為自己是賈母指定留給寶玉的，就必然會和寶玉在一起，因而寶玉邀請晴雯跟自己共浴，晴雯一口回絕，她不屑於這樣的手段。

直到晴雯被趕出賈府，寶玉去看望晴雯，晴雯才悲憤地對寶玉說：「只是一件，我死了也不甘心的。我雖生得比別人略好些，並沒有私情蜜意勾引你怎樣，如何一口死咬定了我是個狐狸精？我太不服。今日既已擔了虛名，而且臨死，不是我說一句後悔的話，早知如此，當日也另有個道理；不料癡心傻意，只說大家橫豎是在一處。不想平空裡生出這一節話來，有冤無處訴。」

臨死前，晴雯選取了一種特殊方式，給枉擔的虛名充實進了實際內容。她剪下自己的指甲送給寶玉，又將自己貼身穿的紅綾襖給了寶玉。

一個人要想有一個好的職業前景，就必須在正確的位置上做正確的事，給自己一個準確的職場定位。只有這樣，才能物盡其用，讓我們的人生價值達到最大化。

那麼，如何幫助自己進行職場定位呢？

第一步：對自己說，你一定會找到答案。

讓自己有肯定的心態，你便可以找到答案。這個過程會花費很長的時間，但沒有關係。確定感可以幫助你逐步獲得「反自我放棄」的身體機制，避免在尋找答案的過程中，因失望而放棄。

第二步：列出自己的願望清單和技能清單。

不要覺得你可以在自己的頭腦裡做這一切，拿張紙，列出你的每一個興趣和每一種哪怕微不足道的技能。你也可以想想自己對什麼不感興趣，然後寫在反面。或許你會發現技能和興趣的重合，將那些記下來，用於第三步。

第三步：留出一些真正的獨處時間，集中精神，通過問自己正確的問題來描繪自己想要做的事。

人們會留出時間聽音樂、烹飪、看電影、讀書，但卻不曾留下任何時間，考慮關係自己未來的東西，這讓人很驚奇。在獨處的時候，你必須問自己一個十分清楚的問題，清楚在這裡是關鍵，問題越清楚，答案也就越簡單。不要一開始就問自己「我喜歡做什麼？」這樣的問題太廣泛，讓我們把它變窄點，嘗試著問你自己——

(1)自己的價值觀是不是和職業相符？

很多大公司都重視員工的個人理念和公司的理念是否相符，只有理念相符才能讓公司和員工達到最有利的契合點。其實這個很好理解，就像兩個人要有共同話題或者是共同的目標才能在一起走得更遠一樣。個人選擇職業也是這樣的，和自己有共同目標的公司自然能爲自己提供更多的資源和平臺，如此取得事業上的成功就會變得更加容易。

(2)自己的興趣所在？

一個人能否在從事的職業和工作上獲得成功，與他對這種職業的興趣大小有很大的關係。雖然興趣並非事業成功的唯一條件或決定因素，但一個人對一種職業或工作完全不感興趣，就很難在這一行有所建樹。

人的職業興趣愛好大體分爲這幾種類型，對比一下，看看自己屬於哪一種類型：

1.現實型：喜歡機械、工具、植物或動物，偏好戶外活動。

2傳統型：喜歡從事整理資料工作等瑣碎的工作。

3.企業型：喜歡和人互動、自信，有說服力、領導力，追求政治和經濟上的成就。

4.研究型：喜歡觀察、學習、研究、分析、評估、解決問題。

5.藝術型：喜歡用想像力和創造力在自由的環境中工作。

6.社會型：喜歡教導、幫助、啓發或訓練別人，重視人與人之間的溝通和交流。

瞭解了自己所屬的類型後，你要問自己：我在日常生活中喜歡什麼？我能否利用自己的能力和興趣，爲自己和別人創造價值？

這種價值是通過什麼方式創造的？

這種價值創造如何與事業結合在一起？可以通過什麼方式賺錢？

(3)自己的性格是什麼？

性格作為個性的核心部分，對個體擇業有很重要的影響。有的人性格開朗，說話很有感染力，適合做銷售；有的人敢於冒險、勇於開拓，適合做企業家；有的人不喜歡和人交際，能夠專注做事，很適合做研究。瞭解自己的性格才能選好職業，做到職業和性格天衣無縫地結合在一起才是最高境界。

(4)自己的職業能力如何？

有的人天生在某方面就有很高的天賦，還有很多人不一定具有很突出的能力，不要緊，後天的培養可以戰勝這些不足。可你要知道自己什麼地方還不夠好，千萬不可以盲目自大。

二、不要按自己的喜好去生活，職場是需要經營的

晴雯十歲的時候被賴大買去做丫頭，是奴才的奴才，後來像禮物一般孝敬給了賈母。賈母看她樣貌好，人又伶俐，就讓她去照顧寶玉。她和襲人是平級，在怡紅院同

是一等大丫環，可是當襲人為自己的人生道路做鋪墊時，晴雯卻毫無動作。事實上，晴雯不清楚自己想要的是怎樣的人生，她僅是隨著自己的性情生活，看不得別人的奴性，也看不慣襲人採取的手段。她好強任性，自己是個奴才，卻對身為主子的寶玉也一樣不買賬。

晴雯只按自己的喜好去生活，卻不懂得人生是需要經營的。

因墜兒偷鐲子之事，晴雯借著寶玉之名讓宋嬤嬤「今兒務必打發他出去」，墜兒母親讓晴雯給留個臉，晴雯堅持：「這話只等寶玉來問他，與我們無干。」墜兒母親則認為寶玉不過是聽了晴雯的調停才要攆墜兒出去，晴雯聽後，越發急紅了臉發狠說：「你在老太太、太太跟前告我去，說我野，也攆出我去！」幸好麝月出面調解，墜兒母親口不敢言，抱恨而去。而事實上，徹查此事的平兒原本就不想讓晴雯知道這事，她知道晴雯脾氣火爆，只是私底下與麝月說了是墜兒偷了「蝦須鐲」，想要息事寧人，不巧被寶玉聽到而傳到了晴雯耳中，才引出這場風波，若不是麝月勸阻，恐怕晴雯這一鬧，又要演化出大觀園中的丫頭大洗牌。

既然這件事情由平兒主持，做下屬的自然要遵從主管的意見，可是晴雯不管不顧，擅自做主將墜兒攆了出去，既得罪了主管也招來了下人的嫉恨，還差點兒把事情鬧大。顯然晴雯的性格是不適合做丫環的。

事實上，她也不適合做姨娘。襲人拉攏人心的時候，她只管對襲人冷嘲熱諷，兩個人的醋意很明顯。襲人為了自己以後能安穩地做姨娘，選擇拉攏性格跟自己相近、好相處的寶釵，不時遞出去些消息，還常在王夫人面前幫著薛寶釵說話。而晴雯看到薛寶釵來這裡說話說得晚了心裡厭煩，不去拉關係只一味埋怨，那邊黛玉叫門，她也懶得給開，兩個少奶奶候選人她都不買賬，以後相處起來，後果可想而知。

作爲職場新人，有了明確的目標後還不夠，還得知道如何去經營這個目標，一旦你認定你的目標是值得達成和值得投入能量的，就要把它當成首要的事務。你可以先挑一兩件最重要的、你能在職場中創造並能專注於其上的事物，問你自己：「哪一樣是我現在能在職業生涯中創造的最重要的事物？」然後就開始經營它。

在經營的過程中，你要注意以下原則：

第一，你最好知道，自己想要的事物是如何成爲你的工具的，是如何讓你在生活中經常展現更美好的特質的。當你吸引某樣事物時，請思考你想要具有的特質是什麼。

第二，除了吸引具體的事物之外，吸引你想要的事物的本質或特質。如果你不知道它的實際的形態，你可以吸引你想要的事物的一個象徵。象徵非常有力量，因爲它們能超越所有你對自己可能擁有的事物的想法和信念。

第三，要求你想要的事物，甚至要求更多。

第四，熱愛和願意擁有你想要的事物。你要對你想要的事物抱有積極的態度，因爲更高更積極的想法和態度比擔憂、恐懼和緊張對你想要的事物更具吸引力。

第五，相信你擁有自己想要的事物是可能的。

第六，不糾結於你正在專注的事物的結果，對它保持超然的心態。如果沒有得到，或以不同於你期待的形態出現，那也沒什麼，無論結果是什麼，都要坦然接受。

在經營的過程中，你要不斷地問自己以下問題，它們有助於你找到自己的亮點，更好地經營你的目標。

(1)我究竟有什麼才幹和天賦？什麼事情我能做得最出色？與我所認識的人相比，我的長處、高人一籌的東西是什麼？

(2)我在哪一方面有激情？有什麼東西特別使我激動嚮往，使我分外有衝動去完成，而且幹起來不僅不覺得累，還會感覺其樂無窮？

(3)我的經歷有什麼與眾不同之處？能給我什麼特別的經驗和能力？運用它，我能做出什麼與眾不同的事？

(4)我最明顯的缺陷和劣勢是什麼？

(5)時代和環境有什麼特別之處（地理、政治氣候、歷史經濟、文化背景等因素）？這其中有什麼東西會對我的機遇產生影響？

(6)我與什麼傑出人物有往來？他們有哪些傑出的才幹、天賦和激情？與之合作（或跟隨他們），能得到什麼樣的機遇？

(7)我的何種需要得到滿足？

要知道，發現自己的長處不易，經營長處更難。因爲經營長處需要放棄一些東西，要勇於拒絕眼前利益的誘惑。專心地做自己最拿手的事情，不僅要一心一意，還要不跟風，不動搖。有一些員工常常這山望著那山高，因爲貪圖安逸，放棄自己的專長，去從事一些安逸的工作，殊不知，這樣做的結果只能是一事無成。

◆延伸閱讀◆

測試自己適合做什麼

如果你想知道自己適合做什麼，下面的這個小測驗也許對你有所幫助。

如果有機會讓你到以下六個島嶼旅遊，不用考慮費用等問題，你最想去的是哪個？

(A)美麗浪漫的島嶼。島上有美術館、音樂廳，瀰漫著濃厚的藝術文化氣息。

(B)深思冥想的島嶼。島上人跡較少，建築物多僻處一隅，平疇綠野，適合夜觀星象。島上有多處天文館、科博館以及科學圖書館等。

(C)現代的島嶼。島上建築十分現代化，是進步的都市形態。全島以完善的戶政管理、地政管理、金融管理見長。

(D)自然原始的島嶼。島上保留有熱帶的原始植物，自然生態保持得很好，有相當規模的動物園、植物園、水族館。

(E)溫暖友善的島嶼。島上居民個性溫和、十分友善、樂於助人，社區均自成一個密切互動的服務網路，人們多互助合作，重視教育，弦歌不輟，充滿人文氣息。

(F)顯赫富庶的島嶼。島上的居民熱情豪爽，善於企業經營和貿易。島上的經濟高度發展，處處是高級飯店、俱樂部、高爾夫球場。

答案中的六個島嶼代表著六種典型的職業生涯與趣類型。

A.實用型。適合的職業：製造業、漁業、野外生活管理業、技術貿易業、機械業、農業、技術、林業、特種工程師和軍事工作。

B.研究型。適合的職業：實驗室工作人員、生物學家、化學家、社會學家、工程設計師、物理學家和程式設計員。

C.藝術型。適合的職業：作家、藝術家、音樂家、詩人、漫畫家、演員、戲劇導演、作曲家、樂隊指揮和室內裝潢人員。

D.社會型。適合的職業：教師、社會工作者、牧師、心理諮詢員、服務性行業人員。

E.企業型。適合的職業：商業管理、律師、政治運動領袖、行銷人員、市場或銷售經理、公關人員、採購員、投資商、電視製片人和保險代理。

F.事務型。適合的職業：會計師、銀行出納、簿記、行政助理、秘書、檔案文書、稅務專家和電腦操作員。

三、是丫環，就要做好丫環的本分——安於其位才能盡好自己的責任

每個人都要有與位置相符的能力。世界第一高峰珠穆朗瑪峰之所以是攀登者心中的聖地，在於它本身擁有的高度；哈佛大學之所以是眾多人心目中的理想殿堂，在於哈佛本身的實力——給你思考，成就更好的你。所以，我們要看到珠穆朗瑪峰、哈佛大學本身的價值，因為這才是最本質的東西。

一塊石頭並不會因為一個美麗的盒子就成了寶石，而一顆金子即便在一個角落裡

也會發光。我們要學會讓自己擁有這個位置需要的能力，給自己的能力找一個合適的位置。

賈府等級森嚴，人分三六九等，晴雯本屬丫頭之流，卻在寶玉面前表現得任性驕橫，哪裡還有半點丫頭的樣子？反而是寶玉處處好脾氣地順著她，生病時護著她。寶玉正悶悶不樂，偏偏晴雯失手將扇子骨跌折，寶玉責怪她顧前不顧後，晴雯冷笑：「二爺近來氣大的很，行動就給臉子瞧……嫌我們就打發我們，再挑好的使。」寶玉一聽氣得渾身亂顫，兩人鬧得不可開交，眾人都進來跪下央求。事後寶玉服軟，拿果子給晴雯吃，晴雯卻自嘲：「我慌張的很，連扇子還跌折了，那裡還配打發吃果子呢！倘或再打破了盤子，還更了不得呢。」

另一回，黛玉來找寶玉，晴雯嫌晚了，不願意開門，就打著寶玉的旗號說是寶玉交代了，誰來了也不開門，造成黛玉對寶玉的誤解。

一個丫環懈怠工作至此，可想她的傲慢懶散。

在其位謀其政，既然身分是丫環，就要做好丫環的本分，不符合身分的小姐脾氣讓晴雯這個丫環受到很多非議，也難免她在徹查大觀園時會被小人算計。

名正才能言順，安於其位才能盡好自己的責任。在社會的大舞臺上，我們扮演著不同的角色，處在不同的位置。有時，即使是同一個角色，隨著劇情的推演也會有所變化。我們能做的就是了解自身的能力，給自己一個好的位置。

這個世界並不是只有偉人，也不是只有普通人。有時，偉人之所以是偉人，就在於那個位置——位置讓他去調整自己、鍛煉能力等。每個人都可以去選擇自己的位置，選擇自己的生活方式。不同的位置有不同的精彩。位置本身沒有絕對的好壞高低，好壞高低只是我們的一種評判，不同的人可以根據自身的心境和感覺做出判斷。

只要我們安心於自己的位置，能夠在這個位置上付出，便會有自己的精彩，便能在自己的位置上構築一個豐富的世界。不滿於自己的位置，但又不清楚自身的能力，找不到合適位置的人，總是飄忽不定，他們會失去更多的風景和可能。

改變自己，適應別人——吸取晴雯的教訓

晴雯性情甚高，看不慣別人的種種，小紅攀高枝，她冷嘲熱諷；寶玉給麝月梳頭髮，她給予嘲笑；襲人稱寶玉與自己「我們」，她又是一通譏諷；墜兒偷東西的事情敗露，還躺在病床上的她拿起針就扎墜兒的手。她眼睛裡容不得一點沙子，總是盯著別人看，卻很少自省。她疏忽了自己因狂傲得罪人太多，疏忽了自己因尖酸惹人嫉恨，疏忽了自己跟寶玉沒分寸的玩鬧導致的流言……

晴雯是個聰明人，卻瞻前不顧後，引起了他人的嫉妒和王夫人的誤解，最終自身難保。如果早一點知道自省，懂得自律，收斂一下自己的脾性，或許晴雯不至於落得被趕出賈府香消玉殞的悲慘結局。

當一個人不再對別人苛刻，不再要求別人適應自己，而是通過他人的鏡子、現實的鏡子或者是歷史的鏡子來剖析自己、調整自己，通過改變自己去適應別人的時候，便是在走向成熟和理智。

比如，一位同事對你的態度不太友好，你能讓他對你有禮貌的唯一方法，就是

先改變自己對他的不好印象，對他表示友好和善意。卡內基曾說：「想要別人怎樣對你，你就要先對別人怎樣。」

改變自己，適應別人，是爲了營造更和諧的關係。

一、看清楚自己的優勢和劣勢——別做過於自負的晴雯

不少紅學家都認為，「晴有林影，襲乃釵副」，同為寶玉的貼心丫環，晴雯如芙蓉花明麗耀眼，而襲人則是如桃花般低眉柔順，這讓兩人的結局截然相反：晴雯是被攆了出去含恨而死，而襲人則換得了圓滿的姻緣。

觀晴雯之言行舉止，雖然性格突出，但與襲人相比，晴雯的確是不大會做人，這主要是因為晴雯有些過於自負。

在心理學中，自負人格突出表現爲：有強烈的自我表現欲，自我評價過高，極端的自我專注；經常有自我陶醉性的幻想；期待他人的特殊偏愛和關注。自負的人在團隊合作時，雖不乏責任心，卻時常自負傲慢、妄自尊大，漠視他人的自尊和利益，對他人的批評不屑一顧。

晴雯雖是個丫環，卻比其他丫頭都長得美。鳳姐曾說過：「若論這些丫頭們，共總比起來，都沒晴雯長得好。」王保善家的也認為晴雯「模樣兒比別人標緻些」，由此王夫人十分擔心她會把寶玉勾引壞，可見晴雯的確是美人胚子。憑晴雯的美貌，一向認為「女兒是水做的骨肉」的寶玉自然是偏愛晴雯的，這樣的美貌和寵愛也助長了晴雯的性情，「一味任性，不計利害」，有趣的是，晴雯的火爆性子尤令寶玉喜愛。而其美貌和性情的互補，也使得晴雯在怡紅院裡頗受寵愛。

但是，這份寵愛也導致了晴雯對自我身分的認知偏差，讓她有時候真把自己當成了大小姐。

秋紋因得了太太的獎賞而高興萬分，晴雯笑道：「呸！好沒見世面的小蹄子！那是把好的給了人，挑剩下的才給你，你還充有臉呢！」秋紋道：「憑他給誰剩的，到底是太太的恩典。」晴雯道：「要是我，我就不要。若是給別人剩的給我也罷了，一樣這屋裡的人，難道誰又比誰高貴些？把好的給他，剩的才給我，我寧可不要，衝撞了太太，我也不受這口氣！」

晴雯心氣甚高，不屑主子的賞賜，沒有當丫頭的自覺和順從。這樣的心思傳到王夫人耳中，恐怕王夫人是不會高興的。

晴雯、麝月皆卸罷殘妝，脫換過裙襖。晴雯只在熏籠上圍坐，麝月笑道：「你今兒別裝小姐了，我勸你也動一動兒。」晴雯道：「等你們都去淨了，我再動不遲。有你們一日，我且受用一日。」但是三更半夜，麝月起來服侍寶玉喝茶，晴雯也來討要，麝月聽說，只得也服侍她漱了口，倒了半碗茶給她吃了。晴雯生病了，太醫來看病，見晴雯的金鳳仙花染的指甲和削蔥根般的手指，也以為晴雯是小姐。在生病休養期間，晴雯也得到了寶玉周全而細緻的照顧，為她要湯要羹進行調養。佳蕙曾暗中嫉妒晴雯「仗著寶玉疼他們，眾人就都捧著他們」。晴雯的架勢在怡紅院的小天地中有寶玉撐腰，自然是不成問題，可好巧不巧卻被王夫人看見了，便惹來了禍端。

與寶玉的最後會面，晴雯對自己的遭遇忿忿不滿：「只是一件，我死也不甘心，我雖生得比別人好些，並沒有私情勾引你，怎麼一口死咬定了我是個『狐狸精』！」但對於寶玉的到來，她顯得寬慰不少：「今日這一來，我就死了，也不枉擔了虛名！」從中可得知，晴雯與寶玉之間並無私情，一切不過是虛名。從晴雯的認知而言，她覺得自己並無不妥，反而是行得正，所謂身正不怕影子斜，因而她做事一貫是爽直透徹的。這是晴雯最慣用的自我防禦機制，她以為明眼人一看就能明白。

但是事實真是如此麼？顯然不是，寶玉為她千金一笑而獻上扇子任其撕，為她暗中打點找來太醫看病，甚至放任她一起打鬧嬉戲，明眼人看在眼裡，會作何感想呢？總之王夫人是「很看不上那狂樣子」，鳳姐覺得她「輕薄些」，襲人也覺得：「太太只嫌他生的太好了，未免輕狂些。太太是深知這樣美人似的人，心裡是不能安靜的，所以很嫌他。」即使行得再端正，也不要將自己孤立於別人與環境之外，還需要看看周圍的反應，畢竟人不是孤立於世的，善於感知他人對自己的情緒，與人交善，才是處事之道。晴雯的教訓也在於此，她太過於專注自我的做人正直與清白而不知檢點。

TIPS 如何遠離情商（EQ）低？

情商低是生活中的常見現象，情商低之人往往爲人直爽開朗，對事不斤斤計較，並愛打抱不平，仗義執言；但情商低之人也常遇到不少煩惱，如直言直語而引起非議，心直口快而得罪他人。說到底，當情商低的表現影響到個人的家庭生活、工作乃至人際關係時，它就是一種性格缺陷，需要加以調整完善。其實，情商低的人往往會變得以自我爲中心，這本身就需要改正。對此，我們可從下面幾個方面入手：

(1)學會不斷反省

就是學會「一日三省」。這是遠離情商低的前提條件，只有當人們覺得情商低會給自己的生活帶來困擾不便時，才會願意改變自我、完善自我。因此，你要在爲人處事中不斷反省自我：今天的言行舉止，是不是得罪了什麼人了？爲什麼自己老是在說錯話？自己在哪方面情商低了？人只有不斷反省，才能不斷進步。

⑵學會換位思維

很多情商低的人，都過度相信自己的感覺和判斷，在行動前沒有很好地與外界溝通交流，因而變得孤芳自賞。例如有些人喜歡在別人說話時插嘴，發表見解，有些人喜歡按照自己的思維去推測他人的想法。這些都是自戀自負的表現。當人們試圖將自己思考的落腳點轉向他人時，他就會逐漸走出自我，學會多關注他人，少表現自我。

⑶學會同感共情

就是學會感同身受。學會關注別人還不夠，人還要學會同感共情，在溝通中通過對他人語氣、身體語言等來感知他人的情緒。久而久之，你必然會練就一顆細緻的心，這既是對自我成長的挑戰，也是對個人情商開發的要求。人只有能充分感受他人的情緒，才願意調整自我的言行。

⑷學會三思後行

就是學會謀定後動。不少情商低的人都是急性子，或者毛毛躁躁而處事不周，因此情商低的人遇到挫折或者急事時容易直率衝動。心理研究發現，當過度憤怒或者焦慮時，稍微將情緒延壓幾秒，就能極大地消去這些消極情緒的體驗，讓結果大相徑庭。因此，遇事時我們應多思量多冷靜，三思而後行。此所謂「寧可不說話，也不要說錯話」。

(5)學會審時度勢

就是學會把握時機。所謂情商低，就是缺乏審視周圍環境的「心眼」。因此，情商低之人欲「長心眼」，就要學會把握細節，縱觀全局，將事件等串聯起來思考。當然，改變在於點滴的累積，絕非一時一日之事。

二、不要總是認為自己有足夠的優勢來證明別人的劣勢

從青澀到成熟，對於每個人來說都是一個重大的轉折和挑戰。如何在全新的環境中恰如其分地展現自己的實力，自信地邁出第一步，成爲了很多人的頭等大事。然而有些人卻誤解了自負和自信的含義。

在賈府裡，最有小姐派頭的兩個丫環一個是晴雯，一個是司棋。

王善保家的曾在王夫人面前這樣形容：「一個寶玉屋裡的晴雯，那丫頭仗著他生的模樣兒比別人標緻些。又生了一張巧嘴，天天打扮的像個西施的樣子，在人跟前能說慣道，掐尖要強。一句話不投機，他就立起兩個騷眼睛來罵人，妖妖趫趫，大不成個體統。」

司棋是二小姐迎春的頭等大丫環，迎春性格木訥，平日裡大小事基本都是司棋拿主意，這更使得司棋驕狂任性，忘了自己丫環的身分。她派蓮兒到廚房要碗雞蛋，聽說柳嫂子給雞蛋不俐落，便帶一幫小丫頭子來到廚房，二話不說，就下令：「凡箱櫃所有的菜蔬只管丟出去餵狗，大家賺不成。」這樣的脾性完全是把自己當成主子了。

自信和要強是應該的，只不過一旦過了頭就變成了自負和自傲。在別人眼裡，這樣的人起碼缺乏最基本的謙虛精神，總會給人一種「辦事無輕重」、「不可靠」的印象。

現在的職場更是如此，如果你有自己的想法，請不要用自負的方式來闡述，如果你有過人的能力，也不要「門縫裡看人」。

每個人都有自己獨特的個性，但在進入社會之後，爲了安身立命的需要，你應該及時爲自己補課，認識理想與現實之間的差異，學會包容與自己不同的生活和工作方式，學習用理智看待工作和人際關係，用感性來經營人與人之間的關係。

作爲社會群體中的一員，既然已經跟周圍的人身處同一個環境，就說明你仍然是一個普通人，不是某個特殊的人。想要站穩腳跟，你首先要學習與周圍的人相處，容納不同的觀點，不要總是擺出一副自命不凡的姿態與人爭論，你不可能永遠是正確的。

三、晴雯VS襲人——適應企業文化的員工才能被重用

在《紅樓夢》中，襲人和晴雯，都是寶玉房中的大丫頭。若比起來，襲人的相貌遠不及晴雯。晴雯水蛇腰，削肩膀，高挑身材，眉眼恰似黛玉，足稱賈府丫頭中的第一美女。真是：其為質，則金玉不足喻其貴；其為性，則冰雪不足喻其潔；其為神，則星日不足喻其精；其為貌，則花月不足喻其色。

就這樣一個長相極其玲瓏的女子，原本大有成為寶玉小妾的可能，但是由於太過咄咄逼人，不懂得借用「變色龍」的保護色，斷送了自己的花樣年華。

若把賈府比做一個企業，晴雯的行事風格顯然和賈府的「企業文化」是格格不入的。而襲人卻不同，她處處得人賞識，受人喜歡。原因是，她能迅速並且不露聲色地改變自己的「顏色」，不但和企業的文化相融合，而且個人價值觀和王夫人十分相似，所以她的條件雖不及晴雯，但下場比晴雯好很多。

在職場中，也是一樣的。面對日益變化的環境，職場人唯有像變色龍一樣，隨時隨地跟著環境的變化而改變自己，才能迅速適應它。

其實，沒有哪位老板願意重用與企業文化格格不入的員工，除非這個老板願意爲這個員工改變企業的文化。一個人如果得不到上級的重用，原因可能和其不能適應企

業文化有關。

因此，作為一個職場人，你若想獲得更快捷的職場發展途徑，儘快適應企業文化是第一步。不同的企業文化，對人才使用的側重點也是不同的。只有深入瞭解該企業的文化氛圍，並融入其中，你才會有更廣闊的發展空間。

態度決定一切，細節決定成敗

歷來，紅學家對晴雯之死是有爭議的，但大多人都認為襲人是晴雯之死的元凶，是襲人的告狀，才導致了晴雯之死。

晴雯從小被賣給賈府的奴僕賴大家為奴。賴嬤嬤到賈府去時常帶著她，賈母見了喜歡，賴嬤嬤就把她孝敬給了賈母。晴雯長得風流靈巧，眉眼有點像林黛玉，口齒伶俐，針線活尤好。晴雯的反抗性最強，她蔑視王夫人為籠絡小丫頭所施的小恩小惠；嘲諷向主子討好邀寵的襲人是「哈巴狗兒」；抄檢大觀園時，唯有她「挽著頭髮闖進來，豁一聲將箱子掀開，兩手捉著底子，朝天往地下盡情一倒，將所有之物盡都倒出」，還當眾把狗仗人勢的王善保家的痛罵一頓。

她的反抗，遭到了殘酷報復。王夫人在她病得「四五日水米不曾沾牙」的情況下，把她從炕上拉下來，硬給攆了出去。當天寶玉偷偷前去探望，晴雯深為感動，便絞下自己兩根蔥管一般的指甲、脫去了一件貼身穿的舊紅綾小襖贈給他。當夜，晴雯悲慘地死去，寶玉深感哀傷，特作《芙蓉女兒誄》祭奠晴雯。

那麼，晴雯真的是因為襲人向王夫人告狀，才導致王夫人下令把病中的她逐出大觀園，以致其慘死在家中的嗎？

襲人是王夫人安排在怡紅院的「間諜」，所以，怡紅院的大小事，襲人少不了要向王夫人如實回報。如果說襲人要想害晴雯，那麼，襲人應該早就在王夫人那裡「吹風」，給晴雯「小鞋」穿，但事實不是這樣，後來王夫人連晴雯是誰都不知道，可見，襲人平時並沒有在王夫人那裡說晴雯的壞話。襲人是一心想做姨娘，並為了這個目標，在工作崗位上兢兢業業，還以身相許，連王夫人都說，襲人才是最可靠的人，還給襲人漲了工資，是丫環裡工資拿的最高的。

襲人人緣也特別好，比林黛玉在賈府的人緣關係要好上百倍。大家也公認襲人就是準姨娘，所以，襲人在姨娘的問題上應該是沒有危機感的，沒有誰能競爭得過她。襲人向王夫人建議要寶玉搬出園子，目標並不是晴雯，那麼為什麼最後卻是晴雯成了犧牲品呢？這可能與晴雯的個性有關，因為她平時性格張揚，得罪了很多王夫人身邊得寵的婆子們，比如王善保家的，以致她們在王夫人面前參了她一本，才導致她被逐出賈府。所以說，晴雯的死是她自己「風流靈巧招人怨」，不能怨別人。

下面就以現在職場人與人之間的微妙關係來分析一下晴雯的個性，看一看晴雯在如今的職場能否生存下去？

一、態度不好的晴雯——好心態才能成就好人生

晴雯是個凶狠的小姑娘，這樣一來，就不知不覺地得罪了許多人。背後不知道有多少人在說她壞話，後來這些話傳到當權者耳朵裡，使得她給當權者的印象非常壞。與上司的關係：

晴雯的上司應該是寶玉，可她卻偏不把寶玉放在眼裡，寶玉的話她也要頂撞。雖然寶玉平常對下屬很不錯，也很關照，特別是對女下屬，經常和她們打成一片，但你也要明確自己的身分，你是丫環，寶玉是你的主子，主子的話你要聽。用現在話來說，就是上司的話說錯了也要聽。不要因為主子對你好，你就連自己姓什麼都不知道

了。況且是你自己做錯了事，你就得老老實實地聽上司的教訓。但是，晴雯的膽子卻很大，她失手摔了寶玉的扇子，寶玉只不過隨口說了她幾句，還談不上教訓，她便不依不饒，對寶玉厲言指責，大加頂撞，最後還是寶玉以「撕扇事件」來博得晴雯一笑。表面上看，晴雯是勝利了，可她在不知不覺中得罪了上司。當然，晴雯的死與寶玉毫無關係，只是晴雯的這種不尊重上司的性格，在現在的社會肯定是要吃虧的。

與同事之間的關係：

晴雯與同事之間的關係處理得也不是很好，常對能力強的同事熱嘲冷諷，不能好好地團結同事。首先她經常對襲人熱嘲冷諷，襲人的工作態度和能力是沒有話說的，深得她上司的上司王夫人的賞識，晴雯嘲諷襲人服侍主子服侍得再好，還不是一樣吃「窩心腳」？還對襲人進行威脅，說：「你以為你們幹得那些好事，我不知道？」這裡雖沒有說是什麼事，但可以看出晴雯喜歡拿別人的隱私做文章，很八卦，這在現在的職場是很多人瞧不起的。

晴雯還和秋紋、麝月拉幫結派，搞小團體，離間挑撥同事關係。晴雯不僅與自己辦公室的同事搞不好關係，和別的科室的同事關係也一般。襲人和別的科室的平兒，鴛鴦等關係都非同一般，而晴雯在大觀園中卻沒有幾個很知心的朋友。在現在的職場，搞小團體，被別的同事孤立，要想在公司好好混下去，是很難的，就更別談發展了。

與下屬的關係：

與下屬的關係那就更不用說了，晴雯欺負小紅就是最好的例子，雖然秋紋和麝月也是幫凶，但晴雯應該是主謀。如果她們對小紅好一些，小紅就不會另謀高就，當然，小紅也因禍得福，找到了更好的上司，有了更好的發展，她的結局比晴雯要好得多。晴雯對那些怡紅院的老媽媽婆子們，也沒有個好臉色，有時甚至是罵罵咧咧，指手畫腳，很不禮貌。這也許就是她把自己送進墳墓的根源。

晴雯要是活在現在，在現在的職場，以她的這種個性，是很難有立足之地的。有誰願意和這樣的人同事呢？「木秀於林，風必摧之」，這是至理名言。在那場抄撿大觀園的大運動中，老總王夫人發話了，聲勢造得那麼大，不抓出個人來，王夫人那裡肯定是不好交差的。那抓誰呢？王熙鳳是最有權力說話的，因為她是這場運動的最高執行者。王熙鳳是何等的人物，是何等的精明，怎麼會說你們抓誰不抓誰？其實決定權最後落在了幾個執行者——王夫人的幾個親信陪房手裡。她們掰手一算，這幾個丫頭裡，肯定是晴雯最不順眼了。因為平時晴雯最衝，也沒少得罪她們。「槍打出頭鳥」，所以，生性高傲靈巧的晴雯就不明不白地成了冤死鬼。

所以說，有好的態度才會有好的人生，影響我們命運的不是環境，不是條件，不是身高，不是文憑，不是出身，更不是腰包裡有沒有錢，而是態度。很大一部分人不是沒有能力，不是缺乏知識，而是缺乏一種對待工作的積極態度，他們凡事都採取無所謂的態度，久而久之就形成了「無所謂」的不良習慣。

我們每一個人都需要在步入社會的第一天就培養自己積極主動的心態，這樣才能使自己在以後的生活中始終佔據主動地位。

那麼如何才能逐漸培養起自己積極主動的心態呢？這裡有幾條簡單可行又有效的方法，只要我們堅持就一定會見效，到那時，你會看到一個不一樣的自己，你會在同事和朋友眼中發現一個不一樣的自己。

(1)每天確定一項明確的任務。這個任務可以是工作上的，可以是提高自我能力上的。然後你要把確定的任務或事情用大大的字體寫在桌曆的醒目位置或者是其他的醒目位置，這樣你一抬頭就能看見。你甚至可以把確定的任務或事情告訴你的同事或朋友，讓他們提醒你。這種方法很有效，因爲人都是有自尊的，當你的親人或朋友詢問你的工作任務完成得怎樣時，即使你忘記了或者進展緩慢，也會積極主動地抓緊時間去做。這還可以不斷加強你的執行力。

⑵每天至少做一件對他人有價值的事情，不要在乎是否有報酬。比如，幫同事查查資料，但不要期望同事給你什麼回報，或者給身邊的人們需要的幫助。

⑶日清日畢，當天的事情當天完成，不留尾巴。否則，事情越拖越多，既壓力大又挫敗了自己積極完成任務的信心，還會影響任務完成的品質。長此以往，你將陷入被動做事的怪圈，爲培養積極主動所作的努力會付諸東流。

⑷每天告訴別人養成積極主動習慣的意義，至少告訴一個以上的人。你若能堅持做到這一點，就成了爲「積極主動做事」信念佈道的使者，你的心態必會得到一種「質」的改變，支持著你的行動向「積極主動」上轉變。相信你很快就會養成積極主動的好習慣，一旦機會出現，你一定會牢牢抓住，成就自我。

二、不懂說話藝術的晴雯——給別人留面子才能給自己鋪就成功路

晴雯性格剛強，不滿於自己的奴隸處境，要求平等的地位、尊嚴和權利，但她的反抗矛頭有時只指向奴僕，比主子還威風。她始終都鄙視襲人，常常大膽而尖銳地諷刺襲人、麝月、秋紋等人的奴性。只要一有機會，她就會用她那鋒利無比的語言冷嘲熱諷、戳人要害。如她嘲笑一心想向上爬的紅玉：「怪道呢！原來爬上高枝兒去了，

把我們不放在眼裡。」秋紋偶然得到王夫人賞賜的兩件舊衣服，正在洋洋得意，晴雯卻想起王夫人曾把好衣服賞賜給襲人的事。她說：「呸！好沒見世面的小蹄子！那是把好的給了人，挑剩下的才給你，你還充有臉呢……一樣這屋裡的人，難道誰又比誰高貴些？把好的給他，剩的才給我，我寧可不要，衝撞了太太，我也不受這口氣！」

晴雯剛強的語言風格可見一斑：唇槍舌劍，銳利尖刻，鋒芒畢露，桀驁不馴，善於冷嘲熱諷，好說反語，不給對方留面子。

而襲人陰柔的語言風格則與晴雯形成鮮明對比。她說話溫柔和順，常常照顧別人的面子與情緒。她識大體、顧大局，善於察言觀色，揣摩迎合，不輕易發表意見，不願意得罪他人。第三十四回，她向王夫人告密的那段話，就說得含蓄巧妙，不僅掩蓋了自己，還取得了王夫人的信任，她所追求的寶玉侍妾的地位也因此有了端倪。

當王夫人詢問寶玉被打的原因時，她的語言技巧不可謂不高超。「今兒在太太跟前大膽說句不知好歹的話，論理……」她故意欲言又止，「說了半截又咽住」，但終於說出了那幾句：「論理，我們二爺也須得老爺教訓兩頓，若老爺再不管，將來不知做出什麼事來呢！」「我為這事，日夜懸心，又不好說與人，惟有燈知道罷了。」此時，她的話說得很委婉得體，但極具殺傷力。

即使你有善意的初衷，但如果在眾目睽睽之下使對方顏面盡失，對方不僅不會意識到你的初衷，還會爲了自衛而產生逆反心理，進而做出對你不利的事情。相反，如果你能夠適當地替對方保住面子，讓對方對你產生虧欠感，在以後的接觸中他會對你肅然起敬，有求必應。

常言道：「人要臉，樹要皮。」這句看似簡單古老的言語，卻蘊涵著人性的特點：愛面子。每個人都愛自己的面子，因此在你拼命維護自己面子的同時，千萬不要忽略了別人的面子。因爲面子也像物理學中的力一樣，是相互的，只有給別人留足面子，才能反過來給自己創造面子。給人留面子也是尊重對方的表現。

有時，給別人留點面子，其實就是給自己留面子。在茫茫人海中，如果我們不想被孤立，就必須學會如何與人相處。

曾有這樣一則寓言：兩隻羊同時從不同方向走上獨木橋，彼此都不肯讓步。最後在激烈的角逐下，誰也沒有占到便宜，兩隻羊都墜入河裡，命喪黃泉。

人們在生活中，也常常遇到像這兩隻羊同時相向過獨木橋的情況，這時我們該怎麼辦呢？讓步，這個詞在有些人的觀念裡與和退縮畫上了等號，和懦弱是同義詞。有些人始終抱著「爲什麼要我讓步」這樣的主觀情緒，以及「讓步就是弱者」等錯誤觀念，不願意在爭執、甚至走路時做出讓步，總是希望對方能夠按照自己的意志去做。

然而「得理不饒人」雖然讓你吹著勝利的號角，但它也是下次爭鬥的前奏，因爲這對「戰敗」的對方來說是一種面子和利益之爭，他當然要伺機「討」回來。所以請給別人留個臺階下，爲他留點面子和立足之地！

給對方留面子是一門藝術，更是一門學問。現實生活當中，這種人與人之間相互留面子的現象可以用心理學上的互惠原則來解釋，也就是說，事關面子的問題也遵循著互惠的關係。從心理學上講，如果你在某個場合給對方留足面子，對方的心裡會產生一種負債感，這種負債感會讓其內心產生壓力，進而讓其想方設法地通過同一方式或者其他方式還給你，以放鬆內心的這種負債壓力。

心理學專家曾對此作了一個恰當的比喻，他們認爲這就如同借錢一樣，在對方急切需要錢的時候，你將錢借給對方的心理還會產生負債感，從而會想辦法儘快將錢還給你，有時甚至會連帶利息還給你。

人就是這樣奇怪的動物，可以吃暗地裡的虧，也可以吃明面的虧，但就是不能吃面子的虧，所以要想有效地影響他人，你就要善於從對方的角度考慮問題，給對方留足面子。

法國著名作家聖蘇荷伊曾在他的作品中寫道：「我沒有任何權利去做或說任何事來貶低一個人的自尊，重要的不是我覺得他怎麼樣，而是他覺得他自己該如何。傷害人的自尊是一種罪過，這也包括不給人留面子。」

生活中給對方留面子是一種互助的行爲。如果你是一個對面子無所謂的人，那麼在工作或者生活中，你往往是個得不到大家喜歡的人。當你招致多數人的反感時，你覺得自己還可以說服他人、影響他人，進而讓他人接受你的意見或者觀點嗎？答案顯然是否定的。

所以，一個成功人士最明智的選擇，是時時給別人留點面子，事事預留點分寸。這樣你在給他人留面子的同時，也為自己鋪就了一條通向成功的陽光大道。

◆延伸閱讀◆

麝月——智慧的職場生存者

《紅樓夢》中，對麝月的描述不多，不過四五處，其他地方都是順帶一筆。第二十回中寫寶玉陪賈母吃飯，因記著襲人，便回至房中，見襲人朦朦睡去，獨麝月一個人在外間燈下抹骨牌。寶玉因笑道：「你怎不同他們頑去？」麝月道：「沒有錢。」寶玉道：「床底下堆著那麼些，還不夠你輸的？」麝月道：「都頑去了，這屋裡交給誰呢？那一個又病了。滿屋裡上頭是燈，下頭是火。那些老媽子們，老天拔地，服侍一天，也該叫他們歇歇。小丫頭子們也是服侍了一天，這會子還不叫他們頑頑去，所以讓他們都去吧，我在這裡看著。」

麝月知道體貼人，體貼的也都是同她一樣的下人，她並不為做給誰看，因為只她一人在屋子裡。她也並不邀功，只說沒錢。人都在寶玉身邊，襲人溫柔大方，晴雯風流靈巧，對她倒沒有過多的著墨。只此點一句，「寶玉聽了這話，公然又是一個襲人」。

麝月跟襲人到底還是不一樣的。麝月是個真正懂得自己該說什麼，該做什麼的人。她不是嘴拙心笨才寡言少語，她比襲人和晴雯更懂得生存的智慧。她不奢望寶玉，知道人多嘴雜，她也知道太過招搖就會招人怨，但是臨事時她卻不退縮。第五十二回晴雯打發偷鐲子的墜兒出去，墜兒媽不服氣，說了一番話，把晴雯氣得紅了臉。麝月說了一番話，說得墜兒媽「無言可對，賭氣帶著墜兒走了」。第五十八回，晴雯為幫芳官而與芳官乾娘吵架，襲人喚麝月道：「我不會和人拌嘴，晴雯性太急，你快過去震嚇他兩句。」麝月聽了，忙過來說了一番話，直說的「那婆子羞愧難當，一言不發」。

怡紅院裡，真正有能耐的是這位姑娘。她不顯山不露水，卻始終能在關鍵時刻站出來撐場。襲人性緩，晴雯性急，關鍵時刻都派不上用場，所以說麝月與襲人不同。襲人性子好，所以受寶玉奶娘的排場只能乾哭不已。晴雯性子強，所以招人眼，落了別人的口舌，叫人暗算。

麝月同寶玉身邊人的關係都很好，與襲人好是不必說的，只看襲人生病時只她一人留在房裡照看，寶玉將她歸類為公然又是一個襲人就看得出來。她與晴雯的關係雖然表面上看不出來，細想其實也是很好的。寶玉給麝月梳頭，晴雯撞見就奚落了麝月幾句。這話和她嘲諷襲人的語氣不一樣，麝月也沒惱她，看晴、麝兩人的對話，倒像是親密的朋友間互相開玩笑的話。第五十一回，麝月半夜出去，晴雯不披衣，只穿著小襖要出去嚇麝月。麝月道：「你死不揀好日子！你出去自站一站，瞧把皮不凍破了你的。」晴雯生病，麝月不但照顧她，還發自內心地關心晴雯因墜兒的事動了氣而傷了病體，罵晴雯「才好些，又作死」。她也喜與芳官她們鬧著玩，知道墜兒偷東西也不急著打罵，只等襲人來了攆出去。

雖說麝月掣了一根荼蘼花的簽，題著「韶華勝極」四字，邊上寫著一句舊詩，道是：開到荼蘼花事了，可是到底最後留在寶玉身邊的只有她。故脂硯齋批語：「閒上一段女兒口舌，卻寫麝月一人。襲人出家之後，寶玉寶釵身邊還有一人，雖不及襲人周到，亦可免微小敝等患。方不負寶釵之為人。故襲人出家後云『好歹留著麝月』一語，寶玉便依從此話。」

襲人並非亂語，她清楚以麝月的秉性，最有可能留下來。麝月聰明，正直，伶俐，善良，體貼。她瞭解一個丫環的本份，也懂得怎樣安置自己的位置。襲人到底有私心，晴雯則是認不清楚身分。再體面的丫頭也只是丫頭，拂了主人的意，是說被趕走就會被趕走的。所以麝月是最智慧的生存者，她是真正獨立而自我的存在。

[第三章]

低調做人，難得糊塗
——給職場「王熙鳳」的告誡

王熙鳳是大觀園裏當之無愧的執行官，在協理寧國府時，王熙鳳出色地表現了她的管理才能。

然而，這個二奶奶「對下人嚴些個」，對那些沒有掌握實權的董事會理事也不夠尊敬。她太過華麗地張揚自己的厲害，仗勢施威、不得人心，見好不收……她最大的致命傷就是判詞裏說的——「機關算盡太聰明，反誤了卿卿性命」。所以，現代管理者一定要從王熙鳳的教訓中明白一個真諦，那就是低調做人，難得糊塗。

鋒芒不外露，才有任重道遠的力量

大多數人是很精明的，遇事不肯吃半點虧，曹雪芹筆下的王熙鳳更是如此，但她機關算盡，反誤了卿卿性命。所以古人才說真智慧是大智若愚，藏巧於拙，鄭板橋才說人生是「難得糊塗」。

古人云：「鷹立如睡，虎行似病。」故君子要「聰明不露，才華不逞」才有任重道遠的力量。這大概可以形象地詮釋「藏巧於拙，用晦而明」這句話的具體涵義。

但是太多人不懂裝糊塗的智慧，總想著以自己的聰明才智取勝，急於展現自己的才能，最後因鋒芒太露而惹來災禍。

一、不管你職位多高，都要學會尊重上司

《紅樓夢》第三回講的是林黛玉初進榮國府的故事。鳳姐一露面，便展示了非凡的演技，且悲且喜、連哭帶笑，把一又酸又辣的鳳辣子的個性展示得入木三分。出場

戲結束後，鳳姐緊接著要向王夫人彙報工作。曹雪芹通過林黛玉的眼，這樣細細打量王熙鳳：

說話間，已擺了茶果上來，親為捧茶捧果。又見二舅母問他：「月錢放過了不曾？」熙鳳道：「月錢也放完了。才剛帶著人到後樓上找緞子，找了這半日，也並沒有見昨日太太說的那樣的，想是太太記錯了。」王夫人道：「有沒有，什麼要緊。」又說道：「該隨手拿出兩個來給你這妹妹去裁衣裳的，等晚上想著叫人再去拿罷，可別忘了。」熙鳳道：「這倒是我先料著了，知道妹妹不過這兩日到的，我已預備下了，等太太回去過了目好送來。」王夫人一笑，點頭不語。

鳳姐腦子轉得快，絕不會錯過任何一個自我表現的機會，她深知，榮國府的最高統治者是賈母，討得了賈母的歡心，自己就有了堅實的後臺，以後升職加薪也就有了保障。王熙鳳知道林黛玉是賈母最疼愛的女兒賈敏之女，賈敏去得早，賈母自然萬分心疼自己的外孫女。她這話一出口，賈母必然會很高興：自己的孫媳婦這麼孝敬，小姑子人還沒到，做嫂子的生活用品先已經準備齊全了。相比起來，兩個兒媳婦還是做舅媽的，都比不上鳳姐這個做嫂子的體貼人、會辦事！

上級還沒吩咐，就早早地準備了為林妹妹做衣服的緞子，說明鳳姐確實辦事效率高，能想上級之所想，急上級之所急。可是王夫人當著賈母的面讓王熙鳳給林妹妹找緞子也是為了表現自己關心外甥女，想要討好賈母，王熙鳳卻急著把這功勞全搶去了。即便王熙鳳是王夫人的親侄女，此時，王夫人內心多少也有些厭煩感的。但薑還是老的辣，王夫人此時沒有表現出任何不悅，只是一笑，點頭不語，不輕易將自己的喜怒哀樂露於言表，這才是高手。

榮國府此時的最高領導人是賈母沒錯，但縣官不如現管，論起來，王夫人才是正牌的當家太太。那時，鳳姐還只是被王夫人調過來協助工作的代理管家，腳跟還沒站穩，即便站穩了腳跟，開除她還是留用她，也只是王夫人一句話的事。鳳姐巴結王夫人絕對要比巴結賈母有用處得多，而且，從長遠角度來看，王夫人年輕，而賈母已經年邁，如果賈母一死，沒有好人緣的鳳姐就會面臨全盤皆輸的危險，實際上也是如此。

作爲一個下屬，如果希望獲得上司的欣賞，學會尊重上司的決定是第一要訣。不管你的職位有多高，你都不能忘記一點：你的工作是協助上司完成經營決策，而不是制定決策。

辦公室是一個團體，作爲上司，有其一定的管理原則，有一定的經營目的。下屬的責任，就是要在這一管理原則下，讓自己的工作做得更好，這樣才能協助上司達成經營目標。如果每個人都認爲聽從上司的話，順著上司的意思去工作，就是逢迎、拍馬屁，而只按自己的想法去做，那麼這個辦公室將會成什麼樣子?沒有統一的經營觀念，沒有制度的約束，做什麼事情都是隨心所欲，不用想也知道，用不了多長時間，這個公司就會垮掉。下屬一定要把這個問題搞清楚，這樣你才能跟上司和諧相處。

作為下屬，最重要的是擺正立場，不要咄咄逼人，給上司壓力。如果功高蓋主，威脅到上司的地位，到最後吃悶虧的還是你。

二、你可以聰明，但要學會大智若愚

一八四八年，英國的維多利亞女王和她的表哥阿爾伯特公爵結了婚。有一次，女王敲門找阿爾伯特。「誰？」裡面問道。「英國女王。」女王回答。門沒有開。敲了好幾下以後，女王突然明白了什麼，用溫柔的語氣說：「我是你的妻子，阿爾伯特。」這時，門開了。這就是女王的聰明之處：再要強的女人也要懂得示弱。

有的女強人深知做人之術，她們無論在職場怎麼呼風喚雨，到了家裡，總能記得自己是妻子的角色，懂得給丈夫留些面子。就連女王也知道，公眾面前她是女王，但在家裡她還有妻子的身分。但鳳姐太年輕，也太心急了，還不懂得這個道理。

在隨後的職場生涯裡，鳳姐把自己的的伶俐本質發揮得淋漓盡致，旁人稱她做起事情來比男人還中用。如此鳳姐越發得意，不但管著府內的事情，還把權力的觸角伸到了府外，伸到了男人們的地盤。在過去，男主外，女主內，職責範圍劃分的非常清楚，而鳳姐仗著自己能幹，大膽越界了，連帶著搶了老公賈璉的風光。

《紅樓夢》第二十四回書中，賈芸向賈璉、鳳姐夫妻二人求職的故事最能體現出鳳姐跟老公爭權的意思。

至次日，來至大門前，可巧遇見鳳姐往那邊去請安，才上了車，見賈芸來，便命人喚住，隔窗子笑道：「芸兒，你竟有膽子在我的跟前弄鬼，怪道你送東西給我，原來你有事求我。昨兒你叔叔才告訴我，說你求他。」賈芸笑道：「求叔叔這事，嬸子休提，我這裡正後悔呢。早知這樣，我竟一起頭求嬸嬸，這會子也早完了。誰承望叔叔竟不能的。」鳳姐笑道：「怪道你那裡沒成兒，昨兒又來尋我。」賈芸道：「嬸子辜負了我的孝心，我並沒有這個意思，若有這個意思，昨兒還不求嬸子？如今嬸子既知道了，我倒要把叔叔丟下，少不得求嬸子好歹疼我一點兒。」鳳姐冷笑道：「你們要揀遠路兒走，叫我也難說，早告訴我一聲兒，有什麼不成的？多大點子事，耽誤到這會子。那園子裡還要種樹種花，我只想不出個人來，你早來不早完了。」賈芸笑道：「既這樣，嬸子明兒就派我罷。」鳳姐半晌道：「這個我看著不大好，等明年正月裡煙火燈燭那個大宗兒下來再派你罷。」賈芸道：「好嬸嬸，先把這個派了我罷，果然這個辦的好，再派我那個。」鳳姐笑道：「你倒會拉長線兒，罷了，要不是你叔叔說，我不管你的事。我也不過吃了飯就過來，你到午錯的時候來領銀子，後兒就進去種樹。」說畢，令人駕起香車，一徑去了。

賈芸雖然名義上是賈府子弟，但龍生九子，個個不同，賈府的子孫也分有錢和無錢兩種。有錢的當然是揮金如土，沒錢的甚至連府中有頭有臉的奴僕都比不上。賈芸是個待業青年，守著寡婦老娘過日子，所以賈芸常年處在無收入狀態，只出不進的日子很是難熬。賈芸是個有野心、有上進心的年輕人，希望能在工作上做出點成績，光宗耀祖還是其次，解決自己和老娘的溫飽是他的首要問題。一開始，他想到了表叔賈璉，想求他給介紹個工作。賈芸來求賈璉給介紹工作，賈璉是真心幫助他的，好幾次都想給他安排個出路。無奈的是，賈璉心有餘力不足，府裡為數不多的職位已經被老婆的關係戶占盡了，他對賈芸也深感抱歉：「本來剛剛有個位子空下來了，但你嬸嬸死活讓我給了賈芹了。沒辦法，你就只好先等等吧。」

這時候賈芸才頓醒，自己找關係走錯了路，現如今，榮國府裡說話算數的不是賈璉，而是王熙鳳！於是賈芸改變策略，借了錢買了重禮，去賄賂鳳姐求個肥缺。

一客煩二主，原本是官場上很忌諱的事情。因為這是個面子問題。人心裡都有一碗醋，誰都不願在面子上輸得難看。而官場本來就是圓的，兜來轉去，今天我在上，明天沒準你在上，誰都不可為自己平白樹敵。

尤其鳳姐、賈璉還是夫妻，在那個男尊女卑還講究女子三從四德的時代，鳳姐不但丈夫的話不聽，還硬是接了這個差事，這不等於向下面的人說，賈璉在這個家裡做不了主嗎？能幹的女人旺夫，超能幹的女人就是敗夫了，因為你的光芒會把老公擠到九霄雲外去！

這個道理其實賈芸也明白個一二，如果你處在賈芸的位置上，也會覺得挺難堪，但是沒辦法，餓肚子的滋味實在不好受，他只能盡力奉承鳳姐：「我本以為叔叔有本事才求他辦事的，可後來才發現他根本做不了主。早就該求嬸嬸的，嬸嬸才是這家裡說話作數的一把手啊！」

這話真說到鳳姐心坎裡去了。鳳姐就是這麼個對權力有著幾近變態欲望的人。再加上鳳姐生性愛出頭，越是別人辦不了的事情她越要辦好，這樣才會顯示出她的本事比人強。所以聽了賈芸的話，她不免得意：「誰讓你有近道不走偏偏繞遠路。要是早求我，我早就給你辦了，一點點芝麻綠豆的小事，有什麼大不了的，還耽誤到現在？」言下之意：「你叔叔的本事跟我差遠了！」

如此不給老公面子，可想賈璉心中的怨恨有多深了。鳳姐一次次的逞強好勝，就等於把自己身邊的親信一個接一個地踢走。賈璉跟鳳姐結婚的前幾年，夫妻感情一直相當好，賈璉甚至夜夜都離不了鳳姐。賈璉又是個重感情的男人，這樣一個男人，如果不是鳳姐讓他傷心到絕望，他絕對不可能下狠心把鳳姐休掉！

如果鳳姐早點明白大智若愚的道理就好了，最後也不至於落得如此淒涼的下場。

社會上，那些才華橫溢、鋒芒太露的人，雖然易出風頭、惹人注目，可是也容易遭人暗算。因此說，人們在努力表現好的一面的同時，也要想到不利的一面，這樣才能保全自己。

曾國藩對「藏鋒」做過精闢的論述：「言多招禍，行多有辱；傲者人之殃，慕者退邪兵；爲君藏鋒，可以及遠；爲臣藏鋒，可以及大；訥於言，慎於行，乃吉凶安危之關，成敗存亡之鍵也！」

俗話說：槍打出頭鳥，出頭的椽子容易爛。鋒芒外露，對處世、交友都有不利之處。自恃滿腹經綸，在人前口若懸河，人們難免將你視爲狂妄自大之徒，當面對你「洗耳恭聽」，轉身卻對你嗤之以鼻。在工作中你要學會「夾起尾巴做人」，時時謙虛，事事謹慎，才能獲得好人緣。只有先當孫子，才能做老子。

那些顯露著聰明才智的人並不可怕，可怕的是那些隱藏自己才智的人，因爲善於隱藏的人讓人難以捉摸，也最讓人束手無策。藏而不露，並非不露。《易經》上說：「君子藏器於身，待時而動。」把握好藏與露的分寸，才能露出真正的鋒芒。有道是：靈芝與眾草爲伍，不聞其香而益香，鳳凰偕群鳥並飛，不見其高而益高。

三、王熙鳳VS李紈——有時候不爭不搶反而能獲得更多

秦可卿死前曾托夢鳳姐：「嬸嬸，你是個脂粉隊裡的英雄，連那些束帶頂冠的男子也不能過你，你如何連兩句俗語也不曉得？常言『月滿則虧，水滿則溢』，又道是『登高必跌重』。如今我們家赫赫揚揚，已將百載，一日倘或樂極悲生，若應了那句『樹倒猢猻散』的俗語，豈不虛稱了一世的詩書舊族了！」

這裡的兩句俗語說得真好，一句是「月滿則虧，水滿則溢」，另一句是「登高必跌重」。表面上看，這兩句話說的是浩浩蕩蕩的寧榮二府，但實際這是說給鳳姐自己聽的。如果當時鳳姐真的能夠聽得進這兩句話的意思，仔細品品「水滿則溢」、「登高跌重」的真滋味，也許她日後的命運會很不一樣，可惜的是，鳳姐把良言當成了耳邊風，致使她日後輸得一敗塗地，甚至搭上了身家性命！

欲望就像是一條鎖鏈

有一位禁欲苦行的修道者，準備離開他所住的村莊家人，到無人居住的山中去隱居修行。他只帶了一塊布當做衣服，而後就一個人到山中居住了。

後來，他想到當他要洗衣服的時候，還需要另外一塊布來替換，於是就下山到村

莊家人中，向村民們乞討一塊布當做衣服，村民們知道他是虔誠的修道者，於是毫不猶豫地給了他一塊布。

當這位修道者回到山中之後，他發覺在他居住的茅屋裡面有一隻老鼠，常常在他專心打坐的時候來咬他那件準備換洗的衣服，他早就發誓一生遵守不殺生的戒律，因此不願意去傷害那隻鼠，但是他又沒有辦法趕走那隻老鼠，所以他回到村莊家人中，向村民要一隻貓來飼養。

得到了一隻貓之後，他又想到「貓要吃什麼呢？我並不想讓貓去吃老鼠，但總不能跟我一樣吃一些水果與野菜吧！」於是他又向村民要了一頭乳牛，這樣那隻貓就可以喝牛奶維生。

但是，在山中居住了一段時間以後，他發現自己每天都要花很多的時間來照顧那頭母牛，於是他又回到村莊家人中，找了一個可憐的流浪漢，並帶著這個無家可歸的流浪漢到山中居住，幫自己照顧乳牛。

那個流浪漢在山中居住了一段時間之後，跟修道者抱怨說：「我跟你不一樣，我需要一個太太，我要正常的家庭生活。」

修道者想一想也有道理，他不能強迫別人跟他一樣，過著禁欲苦行的生活，就這樣，半年以後，整個村莊家人都搬到山上去了。

這個故事告訴我們，欲望就像是一條鎖鏈，一個牽著一個，永遠都不會滿足。

原本，王熙鳳在賈府擁有一個很不錯的職位——執行經理。按理說，這絕對是高薪高位，可是，她不滿足於目前的狀況，希望賺取更多的金錢。既然月薪是固定的，那要怎麼生財呢？於是，王熙鳳開始了自己「開源節流」的貪財之路。

剛開始，王熙鳳主要是剋扣工資，少用多報。王夫人屋裡的金釧投井以後，丫環名額出缺，王熙鳳作為管家，這個名額遲遲不補，為什麼？她說等著人送禮送夠了。很多人看上這個缺，覺得這是一個「巧宗兒」，大家都要來謀這個差事，王熙鳳就拖著，等大家送禮送足了才補。諸如此類的事有很多，「大鬧寧國府」的時候，鳳姐還不忘記向尤氏要五百兩銀子打點，但其實她打點只用了三百兩。

錢多了，貪欲也就更大了。鳳姐進一步剋扣月錢放債生息，不單把下人的錢拿來剋扣，連老太太和太太的都敢挪用，即便是「十兩八兩零碎」她也要把它攢到一起放出去。小說裡面不只一次寫到，平兒說「每年少說也得翻出一千銀子來」。

王熙鳳的算計之精、聚斂之酷，是出了名的，連她自己也都知道，她跟平兒說：「我的名聲不好，再放一年（放是放高利貸），都要生吃了我呢。」

為了錢，鳳姐還玩弄權術，「鐵檻寺」這一段寫的就是她收了別人的錢，連人命也不放在眼裡。她府內府外，勾結官府，倚仗權勢，在府裡欺瞞長上。王熙鳳是被自己的欲望牽引著一步步走向自己設下的牢籠。

有時候不去搶，反而得到更多

作為一個為賈家生養了接續香火之人的大少奶奶，按理說，李紈更有資格、也更應該發揮她在家族中的重要地位，積極「參政議政」才是，可事實上，李紈對整個家族的事務卻很少插手。按理說，王夫人年紀大了，要找個代理經理來管理榮國府的各項事務，應該找大兒媳李紈才對，可是她偏偏從寧國府外調了鳳姐來管事，可想，李紈是不願攬事的。

書中寫鳳姐生病，王夫人是把家政管理工作託付給李紈的，探春不過是李紈的助手。但實際工作開展起來後，卻成了一切由探春主持，李紈反而退到了後臺。那時候的禮教，如果沒有李紈的授意，探春是不太可能不管不顧地衝到前頭去的，顯然這是李紈有意避讓。因為李紈知道，整個家族之中，鳳姐的位置是風口浪尖，是「鍋裡鬥」的焦點，主子與主子之間的矛盾，奴才與奴才之間的矛盾，主子與奴才之間的矛盾，全都集中在這裡，弄不好就會翻船。鳳姐如此機警，賈璉時不時出謀劃策還動輒被「參」，更何況她一個寡婦！

李紈不拋頭露面並不影響她的形象，相反，倒提高了她的聲譽。在下人的心目中，她心善面軟，是一個活菩薩。在眾小姑子眼裡，她是一個作詩吃酒能和大家玩到一塊去的大姐姐，一個隨和的好嫂子。在賈母眼裡，她「帶著蘭兒靜靜地過日子」，是一個好孫媳婦。賈母除了認為她好，還覺得她「寡婦失業的」可憐，所以讓她平時領的「工資」跟自己一樣多，「年終獎金」也讓她拿最高的，此外，還給她園子讓她收租。所以，如果不考慮李紈孤衾冷枕的寂寞的話，她的日子過得還算滋潤。

李紈不爭不搶，因為她知道，有時候不去搶，反而得到更多。李紈的月例銀子遠遠高於眾媳婦，和老太太、太太平等。又有園子地，可收租金。年終分年例，又是上上分兒。平日她又沒什麼花銷，財富可想而知。她不去管事，安心教導孩子，閒暇時樂得跟姐妹們一起起詩社。在大觀園中，她分住的是「稻香村」，書中描寫是「數楹茅屋」，外面「編就兩溜青籬」「下面分畦列畝，佳蔬菜花，漫然無際」，儼然是一派「竹籬茅舍」的農家風光。在後來探春結社的時候，李紈就自定了個「稻香老農」的雅號。

李紈是知足的，或者說，李紈是懂得控制欲望的。知足常樂，李紈沒有讓自己陷入權力爭奪的漩渦，而是安守著自己的小幸福。書中八十回後，寫到賈府滿門被抄，因為負責查抄的官員上報，李紈守寡多年，又不理家，賈家治罪，暫無她參與的證據，所以就將她們母子除外，不加拘禁。

在現實生活中，名譽和地位常常被看做是衡量一個人成功與否的標準，所以追求名聲、地位和榮譽，已成爲一種極爲普遍的心態。在很多人心目中，只有有了名譽和權力才是實現了自身的價值。其實，人生的目的，不在於成名、成家與否，而在於面對現實，努力而爲之，盡情享受生命，細心體驗生活的美好。

人生在世，人人都想活得更好，人們總是在各種可能的條件下，選擇能爲自己帶來較大幸福或滿足的活法，學會控制欲望，不爲名譽權力所累，懂得知足常樂，方能品出生命的美好，享受到生活的快樂。

高調做事，低調做人

華人首富李嘉誠曾經說過：「保持低調，才能避免樹大招風，才能避免成爲別人進攻的靶子。如果你不過分顯示自己，就不會招惹別人的敵意，別人也就無法弄清你的虛實。」

李嘉誠經商多年卻始終能夠立於不敗之地，爲什麼？當有人向他請教成功的技巧時，李嘉誠回答說：「低調，低調，再低調！」不僅如此，他還教育自己的孩子要低調做人。在李澤楷自立門戶去創辦盈科時，李嘉誠曾贈予他一句箴言：「樹大招風，保持低調。」

李嘉誠正是因爲深知樹大招風的道理，所以能夠始終堅持低調做人的作風，甘於平凡，而這使他贏得了別人的敬畏與尊重。

如果王熙鳳早有李嘉誠的覺悟，或許最後也能笑傲職場。可是，這只是個假設，她不懂樹大招風的道理，好大喜功，恨不得每個人都知道自己的厲害。用現代的話講，王熙鳳是個工作狂，用書中的話講，王熙鳳是「愛攬事」，該她負責不該她負責的，只要有工作任務，她統統要去參與。

一、好大喜功導致的「過猶不及」

書中第十三回，秦可卿死了，扒灰事件的男主角賈珍一心想把秦可卿的喪事辦得風光。但此時，他的老婆尤氏又犯了舊疾，不能料理事務，惟恐各誥命來往，虧了禮數，怕人笑話，因此心中不自在。當下正憂慮時，寶玉推薦了王熙鳳。賈珍急忙向邢夫人、王夫人借人。王夫人怕鳳姐未經過喪事，料理不起，被人見笑。此時鳳姐坐不住了，書中如此描寫：

「那鳳姐素日最喜攬事辦，好賣弄才幹，雖然當家妥當，也因未辦過婚喪大事，恐人還不伏，巴不得遇見這事。今見賈珍如此一來，他心中早已歡喜。先見王夫人不允，後見賈珍說的情真，王夫人有活動之意，便向王夫人道：『大哥哥說的這麼懇切，太太就依了罷。』」

鳳姐主動攬下這個差事，開始在寧國府樹立自己的威嚴。她頭天放了狠話，立了規矩，次日便拿比別人「有些臉面」的奴才開刀，打了二十板子，自此人人懼怕，事情料理得當。但是鳳姐也因為這次的逞能，使得自己因勞累過度而落下了「落紅淋漓不淨」的暗病，導致她後來的幾次小產，無法替賈璉傳香火，以至於賈璉在外面包「二奶」的事暴露以後，藉口說自己是傳承香火為求子嗣。

這之後，鳳姐的膽子更大，越發覺得沒有自己拿不下的事。鐵檻寺老尼淨虛為了幫長安府太爺的小舅子搶親，許她三千兩銀子。她便發了興頭，說道：「你是素日知道我的，從來不信什麼是陰司地獄報應的，憑是什麼事，我說要行就行。」她通過關節暗地使長安節度使雲光逼婚，結果迫使一對有情人雙雙自盡。

能幹沒有錯，適當的展現自己的能力也沒有錯，王熙鳳錯就錯在，她做得太過了，成功操辦秦可卿的喪事，讓她在寧國府立了威，但也讓她樹敵許多。

爬得越高，跌得越重，這是個不變的官場潛規則。「朝承恩，暮賜死」的事情在官場中實在太多太多，尤其在官員面臨改朝換代之時。一個人的能力，是把雙刃劍，可以制敵，也可以傷己。古代官場上的「不倒翁」，大多都是些無所作爲、無關痛癢的閒官，他們不肯做事，當然不會出錯。但像鳳姐這樣愛表現、愛出風頭的人自是不會甘於平凡的。

鳳姐輸在「權力」二字，尤其輸在「獨權」二字。獨攬大權是風光事，但不見得是好事，多一個同盟軍，就多一份安全。

一次，子貢問孔子：「子張和子夏這兩小子，老師您認為誰更賢德一些呢？」孔子捋了捋鬍子，很深沉地說：「子張嘛，做事太猛，動不動就做過頭事。子夏做事倒是不過頭，但又太柔欠火候。」子貢追問：「那他們倆相比來說，哪個更好一些呢？」孔子說：「過和不及是一樣的，子張和子夏都是一個德性。」

過猶不及，孔子的話很深刻，在職場中是絕對真理。

歷朝歷代的文人墨客對漢武帝的評價基本分爲兩種：一種是「雄才大略，拓土開疆或曰擊潰匈奴」；一種則是「好大喜功，窮奢極欲或曰窮兵黷武」。《資治通鑑・漢紀十四》是這樣記載的：

「班固贊曰：漢承百王之弊，高祖撥亂反正，文、景務在養民，至於稽古禮文之事，猶多闕焉。孝武（即漢武帝）初立，卓然罷黜百家，表章《六經》，遂略咨海內，舉其俊茂，與之立功……如武帝之雄材大略，不改文、景之恭儉以濟斯民，雖《詩》、《書》所稱何有加焉！臣光曰：孝武窮奢極欲，繁刑重斂，內侈宮室，外事四夷，信惑神怪。巡遊無度，使百姓疲敝，起爲盜賊，其所以異於秦始皇無幾矣。然秦以之亡，漢以之興者，孝武能尊先王之道，知所統守，受忠直之言，惡人欺蔽，好賢不倦，誅賞嚴明，晚而改過，顧托得人，此其所以有亡秦之失，而免亡秦之禍乎！」

漢初，國家實行黃老「無爲而治」的養民政策。到文、景之時，國家安定，百姓富足；京城積聚的錢幣巨萬，以致庫府中穿錢的繩子都朽爛了；天下糧食到處都堆得滿滿的；太倉中的糧食，大囤小囤如兵陣相連，有的露積在外，都腐爛不能食用了。街坊百姓都有馬，阡陌之間更是騾馬成群；居住里巷的普通人也能吃上膏粱肥肉……

但到了劉徹當皇帝，財政狀況急轉直下。他先是對南越和閩南用兵，導致江淮一帶騷然動盪不安，耗費巨大；接著開拓西南夷，鑿山通道千餘里，致使巴蜀一帶百姓疲憊；而後，他向東開鑿通往滄海郡的道路，人工費用與開拓西南夷相等；北邊與匈奴的戰事逐漸擴大，軍需大增；之後他又調發十多萬人修築並守衛新拓展的朔方郡，因水陸運輸的路程極遼遠，自崤山以東的百姓都要承受這個負擔，耗費數十萬至百億，國庫都空虛了。由是，官府開始賣官鬻爵，捐獻財物的可以補充官額，能出錢的就可以免刑，交納羊群的可以做郎官。

漢武帝連年對匈奴作戰，先是派大將軍衛青以十餘萬兵力出擊匈奴右賢王，獲敵首級及俘虜一萬五千人；後再派衛青出擊匈奴，獲敵首級及俘虜一萬九千人。漢武帝出手大方，立功者賞賜黃金共達二十多萬金。投降的數萬匈奴也得到了厚賞，吃喝拉撒全由大漢政府統管。由於戰事耗費巨大，即使傾盡庫藏錢幣和賦稅收入，仍不足以供應戰爭的消耗，於是官府再行賣官鬻爵。武功爵每級價十七萬，共值三十多萬金。武功爵最高可至樂卿，更大者甚至可封侯或封卿大夫。

有了錢糧，漢武帝又派驃騎將軍霍去病再次出擊匈奴，獲敵四萬首級。匈奴渾邪王率眾數萬人投降，大漢朝廷調撥兩萬輛車迎接，到了都城長安，連同有功將士一併賞賜。這一年的開支高達一百多億。

其後政府又要修通汾水與黃河的管道，徵數萬人上工；因渭水船運水渠曲折繞遠，所以要從長安到華陰開鑿一條直渠，如此又徵數萬人上工；朔方也要開鑿水渠，再徵數萬人上工。各條管道修了兩三年還未完工，耗費卻在數十億。爲了征討匈奴，必須大量養馬，帶到長安來餵養的馬就多達數萬匹，關中養馬的士卒不足，就從附近諸郡徵調。投降的胡人都靠政府供給衣食，政府財力不足，漢武帝親自節約，降低膳食標準，解下乘輿上的馬匹，拿出皇宮的儲蓄，去供養他們。可偏又遇上災年，崤山以東的七十多萬災民要遷徙到函谷關以西或朔方以南的地區去，耗資以億計。

漢武帝的好大喜功，不僅使人民處於水深火熱之中，還對國家經濟造成了嚴重的破壞，完全斷送了由他爺爺和他爸爸創建的「文景之治」的大好局面。多虧他晚年能改過，所托的顧命大臣霍光等得力，才避免了亡秦之禍。

但是，王熙鳳沒有改正的機會。自弄權鐵檻寺後，見有利可圖又無人管教，王熙鳳越發膽大，也越發的心黑手狠，一發不可收拾：剋扣月錢發放高利貸，大鬧寧國府，對張華父子趕盡殺絕。弄得是內憂外患，積怨漸深。在賈府獲罪之時，王熙鳳的舊賬都被翻了出來作爲賈府的罪名。最後爲王熙鳳惡行埋單的是賈府，而王熙鳳自己也「一從二令三人木，哭向金陵事更哀」。

二、王熙鳳VS薛寶釵——低調才能為自己積蓄更多能量

低調做人，並不是讓我們在職場中克制自己的想法，而是讓我們在職場中用一種謙遜隨和的態度去主動爭取機會，學會與他人合作。

可以說，低調是我們每一位職場人安身立命之本，只要你謙遜隨和、平易近人，你就能夠交到朋友、獲得真情，就能夠順利地去開拓自己的事業，獲得最終的成功。

說起低調，《紅樓夢》裡非薛寶釵莫屬。說起來，她和王熙鳳還是表姐妹，但兩個人的性情差別非常大，一個張揚，一個內斂；一個潑辣，一個賢淑。

薛寶釵一出場就是很低調的。書中第一次正面描寫薛寶釵時，她的打扮是「一色兒半新不舊，看上去不覺奢華」。若是一出場就豔光四射，閃閃發亮，那薛寶釵就不是學養深厚的「山中高士」而變為暴發戶了。

比文化知識，她不輸林黛玉，別的知識也都略通一二。論醫學，黛玉身子不爽，薛寶釵去探望，不是立即就給出一副養脾的方子？談繪畫，老太君叫她的四孫女惜春畫出大觀園的圖樣來，不是薛寶釵出的省時省力的畫法，列出了要用的工具，還順便講了講熱脹冷縮的物理原理？類似事例，不勝枚舉。就這麼地，人家也從來沒張揚過，這與她未見其人先聞其聲的表姐王熙鳳真是極大反差。

薛寶釵為人低調，和各方面的人都保持著一種親切自然、合宜得體的關係，正如脂胭齋所說：「待人接物不親不疏，不遠不近，可厭之人未見冷淡之態形諸聲色；可喜之人亦未見醴密之情形諸聲色。」罕言寡語，人謂「裝愚」；安分隨時，自云「守拙」。薛寶釵就連對被人瞧不起的趙姨娘等人，也未曾表現出冷淡和鄙視的神色，因而得到了賈府上上下下各種人等的稱讚。賈母誇她「那孩子細緻，凡事想的妥當」；從不稱讚別人的趙姨娘也說「寶姑娘是個極妥當的」；就連小丫頭們，也多和她親近。薛寶釵的這種態度自然比林黛玉的任性逞才更容易被人接受，更容易贏得別人的好感，要不怎麼王夫人千方百計想讓薛寶釵做自己的兒媳婦？

薛寶釵從來不事張揚，做人做事一向低調，也因此，對上級的意圖揣測得更是比旁人明白。比如「省親應制」一節，寫她悄悄警告寶玉，元春不喜用「玉」字，把「綠玉」改為「綠蠟」。而後來賈母要給她做生日，問她愛聽什麼戲，愛吃什麼東西，她深知老年人喜歡熱鬧戲文，愛吃甜爛食物，就按賈母平時的愛好回答了。說起來，薛寶釵這套拍馬屁的本事可比王熙鳳高明多了，不顯山不露水，卻深合上司的心。王熙鳳卻會弄得眾人皆知，雖然老闆受用，但旁人心裡直泛酸。

大海之所以能夠容納百川，成爲世界上資源最豐富、容納力最強的地方，是因爲它的地勢最低。

跟大海一樣，職場中的每一個人都需要積聚能量，才能夠成就自我。職場能量並不能簡單地用職業能力和經驗來概括，它還包括了職場人在職場中所積澱的精神、氣質、眼光、胸懷、直覺等無法用能力和經驗來代替的東西。那麼，身在職場，我們該如何來積蓄能量呢？我們應該像大海一樣，放低自己，把自己放在最低處，真誠地去和別人交流，向別人學習，真正地以別人之長補自己之短，才能夠在事業上有所發展和收穫。

著名歌唱家帕華洛蒂在三十歲那年的初夏，應邀來到法國里昂參加一個演唱會。因為他提前一天趕到了里昂，所以晚上就在歌劇院附近的一個小旅館裡住了下來。由於旅途勞累，為了不影響第二天的演出，帕華洛蒂便提早睡了。可是睡了沒多久，他就被隔壁房間傳來的嬰兒啼哭聲吵醒了。

他本以為孩子哭幾聲就會停止，可沒想到，那孩子好像專門和他作對似的，竟然啼哭不止。帕華洛蒂用被子蒙住了自己的頭，可那哭聲彷彿是具有魔法的歌聲，頗具穿透力，一直在他耳畔縈繞，這怎能不讓帕華洛蒂既著急又苦惱呢？就這樣足足折騰了半個多小時，帕華洛蒂全然沒有了睡意，但他並沒有因為哭聲驚擾了自己而去找孩子的父母理論，也沒有因此而抱怨什麼，而是披起被子開始在地上踱步，在心中一次次地祈禱著孩子的哭聲儘快停止。

然而，那孩子的哭聲根本就沒有停止的意思，還一聲比一聲的洪亮，這令帕華洛蒂眼前一亮：為什麼自己唱歌唱到一個小時，嗓子就會沙啞，而這孩子的聲音卻依然像第一聲一樣的洪亮？漸漸的，他開始佩服起這個孩子來，開始把孩子的哭聲當做歌聲來欣賞。也許自己可以從孩子的哭聲中學到不讓自己的嗓子變沙啞的辦法呢，帕華洛蒂這樣想。

想到這裡，帕華洛蒂立刻變得興奮起來，他急忙回到了床上，把自己的耳朵緊貼牆壁，細心地傾聽起來。很快，他就有了不同尋常的發現：這個孩子每每哭到聲音快破的臨界點時，就會把聲音拉回來，而且這孩子是在用丹田發音而不是用喉嚨。帕華洛蒂開始學著用丹田發音，試著唱到最高點，依然保持跟第一聲一樣洪亮，這樣他練了一個晚上。在第二天的演唱會上，帕華洛蒂以飽滿洪亮的聲音征服了所有觀眾。

可見，人只有放低了自己，才能夠發現並積蓄自己能量的機會。身在職場，低調與否決定著我們職場能量的積蓄與消耗。只要我們在為人處世中放低姿態，就能夠幫助自己積蓄更多的職場能量，而高調的姿態往往會使我們在煩惱中產生憤怒，如此一來，只會消耗我們的職場能量。

試想，如果當時的帕華洛蒂在一怒之下就離開了所住的旅館，或者去找孩子的父母抱怨一番，也許世界上就不會出現這麼一位如此優秀的「男高音」了！帕華洛蒂的成功，正是源於他對歌唱事業的執著和低調的生活態度，身處尷尬且苦惱的境地時，他沒有抱怨也沒有憤怒，而是放低了姿態，在寬容孩子的啼哭時，把孩子當成了自己的老師，使自己從孩子的哭聲中找出了演唱的真諦，為自己事業的成功積蓄了決定性的能量。

你只要能夠放低自己，就可以在每一個人的身上學到東西有所收穫，並因此得到可以幫助你成功的無窮無盡的外部能量。

低調是我們積蓄職場能量的前提。在與人接觸的過程中，你是願意幫助那些謙和低調的人，還是願意幫助一個自以爲是、高高在上的人？

身在職場，我們每一個人都會有優於別人的時候，當你在工作中取得一些或大或小的成績時，你是否會有一種優越於人的感受？是否會隨著成績的增長，自信心也暴長？是否總感覺自己與眾不同，甚至高人一等，時不時地想要顯擺一下自己的能耐？如此的高姿態，即便你是無意的，別人也能夠從你不經意的言語或行爲中感受到，你會因此而大量地消耗掉自己的職場能量，因爲，沒有人會願意與一個傲氣十足、自以爲是的人交朋友。而如果你能夠以低調的態度面對人生，即便是在自己取得顯著的成績時，依然能夠放低自己、放下身段，以平常心去和別人交往，看到別人的長處，承認自己的不足，你就能夠爲自己積蓄更多的職場能量。如此當你需要幫助的時候，別人會毫不猶豫地伸出援助之手，在你困惑的時候，會有人主動爲你指點迷津。

鳳姐讓秋桐衝鋒陷陣，跟尤二姐爭風吃醋，自己坐山觀虎鬥，坐收漁人之利，不僅除掉了心腹之患，同時還成功地離間了秋桐和賈璉本不牢靠的關係，讓秋桐的醜陋敗壞賈璉的胃口，以致失去了賈璉的寵愛。但鳳姐的假仁假義，在平兒的巧妙暗示下，終究沒有逃過賈璉的眼睛。激烈較量的直接犧牲者無疑是尤二姐，而鳳姐和秋桐也是得不償失，兩敗俱傷。

說起來，賈璉的四個女人裡，最終的勝利者是最為低調的平兒，在這場明爭暗鬥、針鋒相對的抗衡中，平兒恰如其分地平衡了交戰各方，並通過一連串找不到破綻的斡旋，不失時機地鞏固和強化了她一貫的隱忍、厚道、仁慈、機智和八面玲瓏的能力，贏得了賈璉的刮目相看，為最終被扶正打下了堅實的基礎。

職場是一個忌諱鋒芒的地方，如果你想登上成功的頂峰，就必須放下身段、放低自己。這既是我們對自己的理智審視，也是我們對別人的尊敬，更是我們積蓄職場能量的前提。

你要時刻謹記下面幾點：

(1)定位好自己為人處世的態度，那就是：低調，低調，再低調！

(2)謙虛的態度要落實到每個人、每件小事上。

(3)講求團隊合作。在工作中要善於合作，形成合力。

(4)遭到誤解、受到委屈的時候不要大聲辯解，要學會冷處理這些「熱」情緒。

(5)遇到惡意的攻擊時要告訴自己：人無完人，沒有哪個人能被所有的人接受。在職場上遇到他人不友善的目光和言行時，不必報之以惡言，還之以顏色，要做一個不戰而勝的聰明人，用沉默、低調和善意的姿態回敬他，用不亢不卑的人格力量來征服他人。

三、適時示弱，以退為進——凡事適可而止

越是爭強越是容易成爲眾矢之的，不論什麼時候，大家的矛頭永遠是指向那個領頭的人。唯有守弱，才能夠很好地積累實力，才有可能取得最終的勝利。

王熙鳳素來逞強好勝，但是她卻也懂得，示弱有時候比強硬更容易獲得成功。鳳姐小產後應充分調養，依然不肯放權，最終落下疾病。在她身體不爽利的那段日子，丈夫賈璉卻在外面偷偷迎娶了尤二姐。生米已經煮成熟飯，這個時候去鬧，不會讓現狀有所改變，反而落實了她是母老虎，愛吃醋，容不得人的惡名。一向好強的王熙鳳居然會在這件事情上示弱，讓很多人刮目相看。

鳳姐先是趁賈璉前腳剛走，就把東廂房收拾出來，按自己房間的規格佈置；然後穿上素服去見尤二姐，以姐妹相稱，將尤二姐接回府裡。她成功的示弱，不但讓尤二姐把她當成可以信賴的人，還博得賈璉的讚賞。她甚至在賈母、王夫人面前說尤二姐的好話，顯得自己的大度，以襯出賈璉的不通情理。

緊接著，賈赦把秋桐賞給賈璉，王熙鳳舊恨未除又添新恨，但此時，她還是選擇了忍。她一邊在尤二姐面前做好人，一邊跟秋桐說自己的不容易，用借刀殺人的方法

除了尤二姐。

當時王熙鳳小產，賈璉以為求子嗣之名娶了尤二姐，倘若王熙鳳這個時候不是用的示弱的方法，而依然採取以前的那種強勢做派，估計，不但跟賈璉的關係會更加僵化，還會落得不顧及賈氏家族的罵名。

實際工作或生活中，也有一些強者專門欺負弱者，即恃強凌弱，因此，示弱可以讓對方摸不清你的虛實，降低對方攻擊的有效性。一旦攻擊失效，對方將可能收手，讓自己獲得生存。

在職場上，示弱是一種以退爲進的表現形式，示弱不是妥協，而是一種讓自己有效生存的方式。但你也要把握好示弱的分寸，因爲過分示弱可能會被人鄙視。

以退為進，凡事適可而止

老子曾經說過：「夫唯不爭，故天下莫能與之爭。」這句話的意思是，正是因爲你不與人相爭，所以天下才沒人能夠與你相爭。

如果我們每一個人在日常的生活與工作中能夠低調一點，以平常心來看待周圍的人和事的話，我們就不會被利益所驅使，就能夠坦然地面對生活中的一切。特別是當我們與同事爲了某個職位或獎金而處於激烈競爭之中時，只要我們無怨無悔地付出了自己的努力，只要我們全力以赴了，不論輸贏如何，我們都應該接受現實，適可而止。即便輸了，我們也要輸得體面，輸得有風度，切不可因此而氣惱，無端地散佈風言風語去貶低與我們競爭的同事，這樣別人會看不起你，你也會因此而孤立。

王熙鳳爲了除掉尤二姐，示弱裝好人，但在尤二姐的姐姐面前可是一點面子不給。她跑到寧國府來，將尤氏揉搓折磨，臉對臉罵了半日，半點情面不留。後來兩人表面上還算和睦，心裡卻結了梁子，尤氏雖不好明著報仇，但只要有機會，絕對不會讓鳳姐好看。這也是邢夫人擠兌鳳姐時，尤氏爲何落井下石說風涼話的緣故。

身在職場，常會有不如人意的時候，我們要關注的應是如何去面對困難和不順。當事情的結果並不是人力所能夠改變的時候，我們不如選擇低調——接受現實。與其怨天尤人、徒增苦惱，不如適可而止、以退爲進，從既有的條件中盡自己的力量和智慧去發掘機會。

對於有大志向的人來說，低調做人並不是苟且偷生，他們認爲凡事適可而止、以退爲進，是一種低調做人的智慧，是一種人生的策略。

在實際的工作之中，我們經常會有與別人意見不一致的時候，如果我們始終都堅持己見，過分地強調自己的正確性，過分地堅持自己的想法，不一定就能夠說服別人贊同我們的看法或意見；相反，如果我們在堅持自己的意見上適可而止，採取一種「退」的策略，反而容易獲取對方的信任，達到說服他人的目的。

富蘭克林就曾經用以退爲進的方法，使得憲法會議產生分歧的雙方達成了一致的意見。

有一次，美國的憲法會議在費城舉行。會議中，對於憲法的通過分為了贊成派和反對派，兩派人員討論得非常的激烈。由於會議的出席者在人種、宗教等方面的差異很大，利害關係也各不相同，所以整個會議的討論充滿著火藥味和互不信任的氣氛。兩派人員之間的言詞非常的尖銳和刻薄，甚至還夾帶著人身攻擊。

在這樣一種情況之下，會議的談判面臨著即將破裂的局面。這個時候，持贊成意見的富蘭克林適時地站了出來，他不慌不忙地對在場的所有人員說：「事實上，我對這個憲法也並非完全贊成。」富蘭克林的話剛一出口，紛亂的情形立即停止了，反對派的人士都用懷疑的眼光看著富蘭克林。這時，富蘭克林稍作停頓，然後繼續說道：「對於這個憲法，我並沒有十足的信心，出席本會議的各位代表，也許對於細則還有一些異議，不瞞各位，我此時也和你們一樣，對這個憲法是否正確抱有一種懷疑的態度，我就是在這種心境下來簽署憲法的……」

富蘭克林的話，使得無比激動和抱有不信任態度的反對派慢慢地平靜了下來，他們在心裡已然同意了富蘭克林的看法——就讓時間來驗證一下憲法是否正確吧！於是，美國的憲法順利地通過了。

如果富蘭克林始終堅持自己強硬的態度贊同憲法的話，必然會使雙方的爭吵愈演愈烈，最後導致會議的失敗。憲法之所以能夠順利地獲得通過，在於富蘭克林能夠以退爲進，放棄自己的堅持。

對於同一件事情，如果你一味地強調它好的一面，就會讓對方對你所說的話產生懷疑，讓其持有不信任的潛在心理。如果這個時候你能夠借鑒一下人類潛在心理的「彆扭心態」，採取一種以退爲進的方法，就會獲得對方的信任，從而達到自己的目的。

身在職場，如果我們的做法或觀點得不到別人認可，就很難再合作下去。爲了圓滿地完成工作，我們必須能夠勸說抱有成見的人跟我們達成一致的意見，這就需要我們掌握進退的分寸。記住，凡事都要適可而止。當你前進受阻時，不妨暫時地退讓一下。有時候在退讓之間，你能夠把你對他人的尊重顯示出來，從而獲得對方好感，進而贏得對方的信任，這時你再亮出自己的觀點，要說服對方的話就簡單多了。

就在達爾文《物種起源》一書出版之前，達爾文接到好朋友畢萊士的來信，請他爲自己寫的文稿做個審定。達爾文在看了畢萊士的稿子後感到異常爲難，因爲這個文稿的研究結論與《物種起源》一書中的內容太過接近。這麼多年的朋友了，無論這兩部稿子誰先發表都會對另一個人造成心理傷害。面對多年的友誼與傾注了自己二十多年心血的稿子，達爾文猶豫了……有人勸達爾文，趕緊把自己的書出了。但達爾文最終還是選擇了友誼，他決定把自己的書稿銷毀。畢萊士知道後很受感動，制止了達爾文毀書的行爲。此事傳出之後，人們在稱讚達爾文大度的同時，都知道了達爾文和他的《物種起源》。

在職場中，如果你總覺得自己有理，別人說你一句，你回別人十句的話，會使矛盾越來越激化，會讓你失去更多；相反，如果我們在爭吵中或在競爭中選擇退一步，會有意想不到的收穫。

以退爲進是一種人生智慧，職場中，人與人能夠相識與合作也是一種難得的緣分，我們在說服別人或者與別人競爭時，適當地作出讓步是一種大度的表現，只要不違背原則，我們就不必因爲態度或過錯而非要「以牙還牙」。記住，凡事適可而止，以退爲進反而會收穫更多。

◆延伸閱讀◆

職場「示弱」有「三不要」

在職場上，生存空間的拓寬離不開示弱，春風得意離不開示弱，示弱不是懦弱，而是為了更好的前進和發展。

一、不要一味示弱

示弱是為了更好地生存，它不是妥協，如果一味示弱，就變成了懦弱。遇強者示弱，遇弱者示強這是法則，但若遇弱者你也示弱，就會出現你的生存空間不斷被壓縮，最終地球雖大，但無你立足之地的局面。

二、不要盲目示弱

示弱是有目的的，在強者面前，硬碰硬不可行時，你有三種選擇：一是躺在地上等著對方來吃，二是與之激烈搏鬥，三是示弱。

若從策略上來講，示弱是上策，與強者激烈搏鬥屬中策，等對方來吃自然是下策。上策是不戰而屈人之兵，當然這要付出一些代價，如面子。在古代，不少帝王將心愛的女兒嫁到蒙古、西域等地，就是在示弱，目的是為了讓百姓遠離戰火，所以這種示弱是值得讚揚的。

三、不要無故示弱

在武術界，兩大高手相遇，往往是在意識領域先進行對決，意識武功的高低通過眼神加以傳遞，作為旁觀者可能看到雙方還未動手，對決已經結束的場面。

在職場上，弱者一方示弱需要以事件作為前提，若無任何原因就示弱，會大大削弱自己的力量。比如說，俄國某作家在小說中描述了這樣一個故事：某高官在大劇院聽戲，結果鄰座的一位市民突然打了一個噴嚏，高官看了他一眼。自此，這個市民一味地向其道歉，他以為高官不會原諒他，最終在鬱鬱中死去。

算計與被算計，小心職場「王熙鳳」

《紅樓夢》裡，王熙鳳的一生是在算計、嫉妒、貪婪中度過的。如今的職場，也可謂是魚龍混雜，有人靠實力行走職場，有人卻憑著心機佔有一席之地。不論你是一個踏實肯幹的人還是一個勤勞厚道的人，在這樣一個高度競爭的地方，遭遇勾心鬥角都是很正常的事。

問題的關鍵在於，面對算計與被算計，你如何才能夠確保自己不爲其所害？如何讓自己在職場之中始終處於不敗之地？

一、謹防「兩面三刀」，學會長期觀察、隨時調整

王熙鳳的算計是出了名的。李紈向她要辦詩社的銀子，王熙鳳立刻算起了李紈的收入：「你一月十兩銀子的月錢，比我們多兩倍。又有個小子，足足又添了十兩，一年中分年例，你又是上上分兒……通共算起來，一年也有四五百銀子。」「天下人都

被你算計去了！」李紈的這句話雖然是帶些玩笑的性質，但對王熙鳳卻是一個恰如其分的評語。王熙鳳的算計不僅僅是在金錢上，對人的算計更是狠辣，對她心懷不軌的賈瑞正是被她算計死的。

賈瑞在賈敬壽辰當日見了王熙鳳，即被她的美貌所吸引，起了歹意。雖說打嫂子的主意是不該，但罪不至死。賈瑞向王熙鳳含蓄透露愛慕之意：「也是合該我與嫂子有緣。我方才偷出了席，在這個清淨地方略散一散，不想就遇見嫂子也從這裡來。這不是有緣麼？」一面說著，一面拿眼睛不住地覷著鳳姐。

鳳姐多聰明，當時也不惱，還笑著誇他聰明、和氣，讓他趕快去入席，以免去晚了被罰，心裡卻暗忖道：「這才是知人知面不知心呢，那裡有這樣禽獸樣的人呢。他如果如此，幾時叫他死在我的手裡，他才知道我的手段！」

賈瑞來看鳳姐，鳳姐沒露出半點不高興，還暗示他白天不方便，等晚上再來。結果賈瑞等在門外，兩邊門都鎖了，南北皆是大房牆，想跳也沒什麼可攀沿，站在風口上吹了一夜。當時正是臘月天，寒風凜凜，侵肌入骨，賈瑞差點凍死。好不容易挨到白天門開了他才慌忙逃走。回去後，賈瑞又因夜不歸宿被他老爹打了三四十板，被罰不許吃飯，跪在地上讀文章。受了這麼多苦，賈瑞還沒明白過來是王熙鳳在算計他，依然去找鳳姐。王熙鳳故意埋怨他失信，又讓他再來，自己卻安排了埋伏，讓賈瑞被賈蓉、賈薔捉弄，勒索了銀子，還澆了一頭的糞。

王熙鳳對尤二姐的算計也可謂煞費苦心。在得知賈璉娶了尤二姐後，王熙鳳沒有直接鬧，而是從下人嘴裡打聽尤二姐的身世，要從中找出突破口。最終她得到重要線索，原來尤二姐之前是許過人家的。趁賈璉外出，她把東廂房按自己的房間收拾了，就帶著丫環婆子去了尤二姐那，委屈地說自己曾經勸過賈璉讓他「早行此禮」。之後她又說了很多好話，如「口內全是自怨自錯，怨不得別人，如今只求姐姐疼我」，竟讓尤二姐「認她作是個極好的人，小人不遂心誹謗主子亦是常理，故傾心吐膽，敘了一回，竟把鳳姐認為知己」。

王熙鳳兩面三刀的本事真是厲害，一邊在尤氏面前裝好人，一面支使丫環對她冷言冷語，一面暗中找到之前跟尤二姐定親的張華，給了銀兩讓他寫狀子告賈璉，還順帶添上自己，勢必要把這個事情鬧大。

隨後，就是王熙鳳展示自己演技的時候。

鳳姐兒滾到尤氏懷裡，嚎天動地，大放悲聲，只說：「給你兄弟娶親我不惱。為什麼使他違旨背親，將混賬名兒給我背著？咱們只去見官，省得捕快皂隸來拿。再者咱們只過去見了老太太、太太和眾族人，大家公議了，我既不賢良，又不容丈夫娶親買妾，只給我一紙休書，我即刻就走。你妹妹我也親身接來家，生怕老太太、太太生氣，也不敢回，現在三茶六飯金奴銀婢的住在園裡。我這裡趕著收拾房子，和我一樣的道理，只等老太太知道了。原說接過來大家安分守己的，我也不提舊事了。誰知又是有了人家的。不知你們幹的什麼事，我一概又不知道。如今告我，我昨日急了，縱然我出去見官，也丟的是你賈家的臉，少不得偷把太太的五百兩銀子去打點。如今把我的人還鎖在那裡。」說了又哭，哭了又罵，後來放聲大哭起祖宗爹媽來，又要尋死撞頭。

鳳姐在每個人面前有不同的表演，一邊在尤二姐面前表現出自己體恤疼人，一邊忍氣吞聲，為賈璉的新妾秋桐擺酒接風，連賈璉都納悶她的改變。其實，她正在醞釀借刀殺人的戲碼，利用剛進門的秋桐除了尤二姐。可憐的尤二姐被人算計了還不自知，最終在四面夾擊中不堪折磨，吞金而逝。

職場上最怕的就是碰到王熙鳳這樣的人。這種人心機深，愛算計人，跟她打交道，必須多幾個心眼才行。

在職場中，我們經常會遭遇各種小人的算計，導致自己陷入困境。那麼，我們該如何對付職場小人呢？首先，我們必須學會區分哪些是職場小人。

重在表現，既要聽其言，更要觀其行

生活中不乏口是心非的人，如果我們只聽其誇誇之談，顯然會被其誤導。只有行動，才能暴露一個人的本質。也只有對其具體行動進行考量，我們才能夠對他作出一個大致的評價。具體考量時，我們需從以下幾個方面入手：

⑴在關鍵時刻或者危急時刻瞭解他，以便看清他的性格、個性以及人品；

⑵通過他的工作瞭解他，可以看出他的工作能力、業務水準和敬業程度；

⑶通過其他人瞭解他，可以看出他在人群中的地位以及前途；

⑷通過他與別人的人際關係處理得好壞瞭解他，可以看出他在處理人際關係方面的能力；

⑸在是非中瞭解他，可以清楚地瞭解他的人格。

長期觀察，隨時調整

人是極其複雜的動物，而且很多人都有多重人格面具，因而想一次瞭解透徹一個人極不現實。瞭解一個人，需要長期觀察，而不是在見面之初就對一個人的好壞下結論，因爲太快下結論，會因個人的好惡而發生偏差，從而影響你們的交往。另外，人爲了生存和利益，可能會戴著假面具，你所見到的也許是戴著假面具的「他」，而並不是真正的「他」。這是一種有意識的行爲，這些假面具有可能只爲你而戴，如果你據此判斷一個人的好壞，並進而決定和他交往的程度，就有可能吃虧上當。

用「時間」來看人，就是在初次見面後，不管你和他是「一見如故」還是「話不投機」，都要保留一些空間，不摻雜任何主觀好惡的感情因素，冷靜地觀察對方的行爲。

一般來說，人再怎麼隱藏本性，終究要露出真面目的，因爲戴面具是有意識的行爲，時間久了，本人就會覺得累，會在不知不覺中將假面具拿下來，就像演員一樣。而假面具一拿下來，真性情就顯露了。

用「時間」來看人，你的同事、夥伴、朋友，會一個個「現出原形」展現真實自我的。

所謂「路遙知馬力，日久見人心」，用「時間」來看人，會讓對方無所遁形。

二、如果你不想被人利用，就一定要在謹言慎行的基礎上保持中立

王熙鳳用精明迎合他人，其高明之處是不自己親自操刀，而是利用智商低一些的人達到自己的目的。所以，要想不被王熙鳳型的人算計，你就要對這種人加以防備，不要聽風是雨，凡事自己過過腦子。對付這樣的人雖然有難度，甚至防不勝防，但自保的方法也有，最簡易的方法是和這種人少談私事、心裡話，讓他找不到害你的突破口。有人大嘴巴，自己的事情不把牢，經常被王熙鳳型的人「套走」很多私房話。王

熙鳳型的人貌似愛關心別人，噓寒問暖，可是，有朝一日，他的噓寒問暖會變為辦公室鬥爭的藉口，害你一個措手不及。

江湖險，人心更險。有人就有江湖。在賈府這個小江湖中，秋桐是個鬥爭的失敗者，更失敗的是她沒有從失利的處境中吸取教訓。

秋桐原是賈赦房中的丫環，賈璉偷娶尤二姐後，出門為父親賈赦辦事，事情辦的很出色。「賈赦十分歡喜，說他中用，賞了他一百兩銀子，又將房中一個十七歲的丫鬟名喚秋桐者，賞他為妾。」然而秋桐自以為是賈赦所賜，是「有來頭的」，無人敢冒犯她，一副小人得志的架式，加以正值新婚燕爾，賈璉喜新厭舊的新鮮勁還沒過，仗著正在興頭上的寵幸，秋桐連鳳姐、平兒都不放在眼裡，更別說同一級別又有污點的尤二姐了。

鳳姐騙了尤二姐進府，正在謀劃時，偏秋桐來了，鳳姐暗喜，可以用她發落二姐。畢竟鳳姐是正房，要身分，不好直接出馬，總讓那些丫環下人刻薄尤二姐，殺傷力不大。現在秋桐來了，正好讓她出馬，這可是明對明的熱鬧。

秋桐對尤二姐張口就是：「先姦後娶沒漢子要的娼婦，也來要我的強。」而鳳姐在背後看著秋桐罵，自己只稱病再不跟尤二姐一起吃飯，每日只命人端了菜飯到她房中去吃。那茶飯都係不堪之物。平兒看不過，自拿了錢出來弄菜與她吃，又被鳳姐訓斥，自此也只能遠看。秋桐也不省事，背地裡又悄悄地告訴賈母、王夫人等說：「專會作死，好好的成天家號喪，背地裡咒二奶奶和我早死了，他好和二爺一心一計的過。」賈母聽了便說：「人太生嬌俏了，可知心就嫉妒。鳳丫頭倒好意待他，他倒這樣爭鋒吃醋的。可是個賤骨頭。」因此漸次便不大喜歡。眾人見賈母不喜，不免又往下踏踐起來，弄得這尤二姐要死不能，要生不得。

秋桐上躥下跳，把尤二姐的名聲搞壞了。自以為得意，自己風光，卻不想正如鳳姐所想：如今用了她，二姐被打壓，自己有了賢良的名聲。王熙鳳就像一個導演，導了一齣好戲！

薛蟠的妻子夏金桂也是一個心機高手，她採用了與王熙鳳類似的招數，拿寶蟾當槍使，打算先除了香菱再回頭整寶蟾。可見身在職場，不得不防啊。

職場是一個高競爭的地方。有人憑實力取勝，有人憑心機取勝，有人憑踏實取勝，有人憑厚道取勝。有人一點不動腦子，聽風是雨，常常被人利用，比如，有人嫉妒一個人，但自己沒有足夠的實力或勇氣去正面和那個人比拼，就用一個傻人當炮灰，達到自己的目的。很多這樣被人利用的人，非但不知道自己「傻」，反而天真地認爲，是那個人壞，其實，那個人和被人利用的人毫無瓜葛。

由此可見，我們只有在職場的明爭暗鬥中堅持做到謹言慎行、保持中立，才能夠做到不被職場「王熙鳳」所利用或算計，遊刃有餘地行走於職場之中。

其實，我們在譴責職場「王熙鳳」的同時，應當自我警覺，問一問自己：我是不是一個容易被人利用的人？如果是的話，請你從現在開始就嚴格地要求自己：在職場中，一定要保持低調，特別是在聽到一些不利於團結的傳言時，一定要謹言慎行、保持中立，切不可按自己的主觀意識隨意傳播流言。

在這方面，蘇格拉底爲我們作了很好的榜樣。

一次，蘇格拉底的一位門生匆匆忙忙地跑來找蘇格拉底，氣喘吁吁地說：「我告訴你一件事，你可能絕對想像不到……」當時的蘇格拉底毫不留情地制止了他，並鄭重地問他：「你告訴我的話，用三個篩子篩過了嗎？」門生不解地搖了搖頭。

蘇格拉底繼續對他說：「當你要告訴別人一件事時，至少應該用三個篩子過濾一下，第一個篩子叫做真實，你要告訴我的事是真實的嗎？」

門生說：「我是從街上聽來的，大家都這麼說，我也不知道是不是真的。」

「那你就應該用第二個篩子去篩，如果不是真的，至少應該是善意的，你要告訴我的事是善意的嗎？」

「不，正好相反。」門生羞愧地低下了頭。

蘇格拉底不厭其煩地繼續說：「那麼我們再用第三個篩子來檢查一下，你這麼急著要告訴我的事，是重要的嗎？」

「不是……」

蘇格拉底打斷了他的話：「既然這個消息並不重要，又不是出自善意，更不知道是真是假，你又何必說呢？說了也只會造成我們兩個人的困擾罷了。」

蘇格拉底接著說道：「不要聽信搬弄是非的人或誹謗者的話，因為他不是出自善意地和你說話，他既然會揭發別人的隱私，也會同樣地對待你。」

面對職場中的風言風語，我們切不可輕信，更不可隨意傳播，因爲它往往是職場「王熙鳳」搬弄是非、打擊別人的手段，如果你不想被人利用，就一定要在謹言慎行的基礎上保持中立。要用蘇格拉底的三個篩子篩一下，只說真實、善意且重要的事情，切不可道聽塗說，聽信職場「王熙鳳」的話，成爲他人利用的對象。

三、職場檢討術：算計別人就是傷害自己

王熙鳳的聰明是一種精明，而女人的精明本身會產生一種距離感，即便是合作者，也會被她的精明嚇出了幾個心眼，看到她就想防著她。所以鳳姐想找個合作者，其實很難，這也是鳳姐最終失敗的一個重要原因：沒有同僚，沒有把別人的利益與自

身利益進行捆綁，到最後，她垮臺，對別人來說沒有任何影響，傷不到別人的皮毛筋骨，大家也就樂得牆倒眾人推。扳倒了你，就等於為大家掃清了一個障礙，何樂而不為？

職場上的人際關係十分微妙複雜，稍有不慎，就會陷於被動，可以說每個在職場上摸爬滾打過的人都對此深有感觸。而及時檢討，反省自己的行為，進行積極有效的心理調整，讓自己適應多變的人際關係，不失為一個增強生存能力的好辦法。因此，職場中人有必要時常對以下幾方面做一個自我檢討。

檢討術之一：你喜歡算計別人嗎？

任何人都對別人的算計非常痛恨，而算計別人是職場中最危險的行為之一。這種行為所帶來的後果是，輕則被同事所唾棄，重則失去飯碗，甚至身敗名裂。如果你經常抱著把事業上的競爭對手當成「仇人」、「冤家」的想法，想盡一切辦法去搞垮對方時，你就有必要檢討自己了。

作為老闆，絕對不希望自己的手下互相傾軋，他們希望每個人都發揮自己的長處，為自己帶來更多的利益，而互相排斥只會使自己的企業受損失。你的同事同樣討厭那些喜歡搬弄是非、使陰招的人，每個人都希望與志趣相投的人共事。不懂得與人平等競爭、相互尊重的人，會失去大家的信任。

檢討術之二：你會經常向別人妥協嗎？

在與同事的相處中不只有互相支持，還有互相競爭。因此，恰當地使用接受與拒絕的態度相當重要。一個只會拒絕別人的人會招致大家的排斥，而一個只會向別人妥協的人，不但會被認爲是老好人不堪大任，還容易被人利用，導致嚴重的後果。因此在工作中我們要注意堅持必要的原則，避免捲入比如危害公司利益、拉幫結夥、危害他人等事件中去。在遇到這樣的事情時，我們要注意保持中立，避免被人利用。

檢討術之三：你喜歡過問別人的隱私嗎？

在一個文明的環境裡，每個人都應該尊重別人的隱私。一旦你發現自己對別人的隱私產生了濃厚的興趣，就要好好反省了。窺探別人的隱私向來被認爲是個人素質低下、沒有修養的行爲。其實有許多情況的發生是在無意間發生的，比如你偶然發現了自己好朋友的怪癖，並無意間告訴了他人，對朋友造成了傷害，失去了一段友誼。

偶爾的過失也許能通過解釋來彌補，但是，如果發生過多次類似的事件，你就要從心理上檢討自己了。除了學會尊重他人以外，在與同事的交往中，你還要學會保持恰當的距離，不要隨便侵入他人的「領地」，以免被人視爲無聊之輩。

檢討術之四：你經常帶著情緒工作嗎？

如果你在工作中經常受到一些不愉快事件的影響，使自己情緒失控，可就犯了大忌。如果你一看到自己不喜歡的東西或事情就明顯地表現出來，只會讓同事對你產生反感。每個人都有自己的好惡，對於不喜歡的人或事，你要儘量學會包容或保持沉默。

你自己的好惡不一定合乎別人的觀點，如果你經常評論別人，同樣會招致別人的厭惡，讓自己樹敵過多。但如果學會包容別人，你就會贏得別人的支持與尊重。

◆延伸閱讀◆

大觀園裡誰是最好的中層

在MBA鋪天蓋地的今天，《紅樓夢》居然一樣引起管理界的重視。

事實上，曹雪芹在《紅樓夢》中提供了兩種不同的管理模式，塑造了兩種不同的管理權威：一是貪婪集權型，主要以王熙鳳為代表；二是創新分權型，主要以賈探春、薛寶釵為代表。

★王熙鳳是維持會會長還是掘墓人？

我們先來看看王熙鳳「管理權威」的屬性。應該說，在協理寧國府時，王熙鳳出色地表現了她的管理才能。

首先，王熙鳳對寧國府做了一次家族診斷。她極其尖銳地指出，寧國府存有「五大弊病」：「頭一件是人口混雜，遺失東西；二件，事列專管，臨期推諉；三件，需用過費，濫支冒領；四件，任無大小，苦樂不均；五件，家人豪縱，有臉者不能服管束，無臉者不能上進。」

針對這五大弊病，王熙鳳決定採用猛藥。一到寧國府，她就發表了措辭極其強硬的就職演說：「既托了我，我就說不得要討你們嫌了。我可比不得你們奶奶好性兒，由著你們去。再不要說你們『這府裡原是這麼樣』的話，如今可要依著我行。錯我半點兒，管不得誰是有臉的、誰是沒臉的，一例現清白處治。」

根據這一思路，王熙鳳開始制定規則，強化監管。這一措施收到了效果，寧國府的面貌立刻改變了。由此可見，王熙鳳的權威性確實是很強的。

然而，同樣是王熙鳳，在給賈母理喪時卻出乎意料地陷入「權威性不足」的泥潭困境。她既調不動人，也調不動錢，只得哀求眾人：「大娘嬸子們可憐我罷！我上頭捱了好些說，為的是你們不齊截，叫人笑話。明兒你們豁出些辛苦來罷！」儘管如此，她仍然玩不轉，被氣得「眼淚直流，只覺得眼前一黑，嗓子裡一甜，便噴出鮮紅的血來，身子站不住，就蹲倒在地」。

為什麼王熙鳳在協理寧國府時威重令行，而給賈母理喪時卻權威不足、指揮失靈呢？這是因為，王熙鳳的權威主要是依靠賈母和娘家做靠山。一旦靠山倒了，王熙鳳的權威便會土崩瓦解。

其次，王熙鳳肆無忌憚地以權謀私、行賄受賄、盤剝眾人，在賈府上下積怨極深，毫無人緣。對於這一點，她本人也意識到了：「若按私心藏奸上論，我也太行毒了。也該抽回退步，回頭看看。」

顯而易見，王熙鳳實際上並沒有真正的權威，有的僅僅是一時的權勢而已。靠山一倒，她便寸步難行，一敗塗地，任憑她再有管理才能也無力回天。

還應該指出的是，正是王熙鳳的這種貪婪和瘋狂給賈府帶來了毀滅性的災難。

因此，王熙鳳並不是賈府的永續經營者，而是賈府真正的掘墓人。在《紅樓夢》裡，王熙鳳的下場實際上是最慘的。這是完全符合歷史邏輯的，值得王熙鳳的崇拜者們不斷地深思和反省。

★賈探春是利益為重的積極改革者

在《紅樓夢》第五十六回中，曹雪芹以一個章回的篇幅，完整地描繪了發生在大觀園裡的經濟改革故事，並塑造了與王熙鳳完全不同的管理權威賈探春、薛寶釵。

為了克服賈府的經濟危機，賈探春憑藉自己對當時正處於萌芽狀態的市場經濟的敏感，富有創意地推出了一個全新的改革舉措：採用公開競標的方式，把大觀園分包給園中的老媽媽們。這樣一來，一個消費性的大觀園就被改造成了一個生產性的種植園，捉襟見肘的賈府經濟因此找到了一個新的生長點。

對於賈探春的經濟改革，薛寶釵予以充分的支持。然而，在指導思想上，兩人卻存在著嚴重的分歧。賈探春對她的改革相當自負，但她的直線式思維模式卻一時難以完全扭轉。賈探春只看到承包的種種好處：一則園子有專定之人修理花木，自然一年好似一年，也不用臨時忙亂；二則也不至作踐，白辜負了東西；三則老媽媽們可借此小補，不枉成年家在園中辛苦；四則可省了這些花兒匠、山子匠並打掃人等的工費，將此有餘，以補不足，未為不可。

與賈探春不同，薛寶釵卻考慮到承包可能產生的負面影響。她清醒地意識到，能夠直接承包並得到好處的只是少數人，大多數人心裡仍是不服的。如果不考慮大多數人的利益，那麼承包就可能因得不到大多數人的支持而遭遇種種意想不到的挫折。因此，薛寶釵建議，承包者年終時拿出若干吊錢來分給在園中辛苦的老媽媽們，讓她們也能分享改革的成果。

她對承包者說：「還有一句至小的話，越發說破了；你們只管了自己寬裕，不分與他們些，他們雖不敢明怨，心裡卻都不服，只用假公濟私的多摘你們幾個果子，多掐幾枝花兒，你們有冤還沒處訴。他們也沾帶了些利息，你們有照顧不到的，他們就替你們照顧了。」

薛寶釵這一「小惠」主張，不僅兼顧了大多數人的利益，也為承包者的經營提供了新的保證，的確是一個符合「惠而不費」原則的雙贏高招。

賈探春的直線式思維還影響到她對管理流程改革的思考。她考慮到，「若年終算帳，歸錢時，自然歸到帳房。仍是上頭又添一層管主，還在他們手心裡，又剝一層皮」。賈探春認為，「如今這園子是我的新創，竟別入他們手，每年歸帳，竟歸到裡頭來才好」。

對此，薛寶釵再次表示反對：「依我說，裡頭也不用歸帳。這個多了那個少了，倒多了事。不如問他們誰領這一分的，他就攬一宗事去。都是他們包了去，不用帳房去領錢。」

薛寶釵的反對意見顯然是正確的。因為從本質上說，歸賬到帳房和歸賬到園子裡頭，只是五十步和一百步的關係。從純粹的管理角度來說，同樣存在著重複算帳的麻煩，而承包者存在著會被園子裡的新帳房剝皮的可能。因此，薛寶釵所提出的這些物質層面的改革主張，理所當然地受到了承包者和眾人的普遍歡迎。

★薛寶釵是利義全一的高級管理人才

由於賈探春的思維是直線式的，因而她的改革思路只是停留在物質層面上。薛寶釵則不同，她在完成物質層面的思考之後，進一步展開了精神層面的思考。為了給改革營造一個良好的環境，薛寶釵提出了配套的改革措施，強化治安管理。她對老媽媽們說：「你們只要日夜辛苦些，別躲懶縱放人吃酒賭錢就是了。」事實上，薛寶釵上任後做的第一件事情就是加強治安管理，每天晚上帶人各處巡查，這從側面反映出她對改革環境的重視。

薛寶釵和王熙鳳一樣，深知管人是要討人嫌的，但她的處理風格卻和王熙鳳完全不同，她在就職演說中說道：「我也不該管這事。你們一般聽見，姨娘親口囑託我三五回，說大奶奶如今又不得閒兒，別的姑娘又小，托我照看照看。我若不依，分明是叫姨娘操心。你們奶奶又多病多痛，家務也忙。我原是個閒人，便是個街坊鄰居，也要幫著些，何況是親姨娘托我？……講不起眾人嫌我。倘或我只顧了小分沽名釣譽，那時酒醉賭生出事來，我怎麼見姨娘？」

薛寶釵把自己參與管理說成是身不由己、萬般無奈的事情，不僅在相當程度上淡化了管理者與被管理者之間的矛盾，而且在一定程度上贏得了被管理者的同情。即使是強化治安管理，薛寶釵也不是金剛怒目式的，而是循循善誘，盡可能啟發人們的羞恥之心。事實證明，薛寶釵的這套柔性管理確實具有很強的感化作用，人們對此都口服心服。

由於有了薛寶釵的新設計，賈探春的這次承包改革獲得了很大的成功。正如李紈所說：「使之以權，動之以利，再無不盡職的了。」生產者的積極性被充分地調動了起來。「因今日將園中分與眾婆子料理，各司各業，皆在忙時，也有修竹的，也有護樹的，也有栽花的，也有種豆的，池中間又有姑娘們行著船夾泥的、種藕的。」同時，生產者的責任性也大大加強了。春燕道：「這一帶地方上的東西，都是我姑媽管著。她一得了這地，每日起早睡晚。自己辛苦了還不算，每日逼著我們來照看，生怕有人糟蹋。老姑嫂兩個照看得謹謹慎慎，一根草也不許人亂動。」

還應該強調的是，與王熙鳳相比，甚至與賈探春相比，薛寶釵實際上沒有什麼管理實權，但是我們可以說，《紅樓夢》中真正的管理權威是薛寶釵。

不論一個人的職位有多高，如果他只是一味地看重權力，那麼，他就只能列入從屬的地位；反之，不論一個人職位多麼低下，如果他能從整體思考並負起責任，他就可以進入高級管理層。

[第四章]

企業與員工的博弈
——小紅的跳槽和鴛鴦的「臥槽」

《紅樓夢》裏的丫環都是家養的，或者是在外買來的，都是從一開始就分配好了主子，自己做不了半分主。碰到好主子，或許還有光明前途，碰到不好的，活活被打死也是有的。

在那個大家庭裏，想跳槽是很難，但也有成功的，比如寶玉手下的丫環小紅，她就用她的親身經歷告訴我們「跳槽是門技術」，與之相反的，還有死守崗位堅決不肯跳槽做姨娘的鴛鴦，她證明了「跳槽不如臥槽」的道理。

今天的職場人可以綜合對比這兩個丫頭的選擇，告訴自己，在跳槽前，請先明確自己的定位。

正確的跳槽，是人生的一次華麗轉身

一份民意調查報告顯示，近六成的人有跳槽的想法，跳槽原因多種多樣。跳槽一定能解決你目前面臨的問題，達到你的預期目標嗎？

正確的跳槽應該是人生的一次華麗轉身，而不是讓職場積累的能量減少、歸零，甚至成爲負數，更不是讓自己在跳槽中越跳越迷茫，越跳越雜亂無章，甚至是毀了自己。

一、小紅不得不跳槽的理由

小紅，本名林紅玉，是賈府管家林之孝的女兒，因與寶、黛二人重字，改叫小紅。小紅算是賈府的家養奴才，說起來，她父母在奴才裡面也還算有臉面的，「生的倒甚齊整，兩隻眼兒水水靈靈的」，是個相貌中等偏上的普通丫頭。她為人聰明伶俐，但在怡紅院裡只是一個做粗活的四等丫頭，沒有近身服侍寶玉的機會，甚至寶玉根本不知道自己屋裡還有小紅這麼一個丫頭。

好不容易，小紅逮著一次機會，那次房裡剛巧沒人，賈府未來的繼承人賈寶玉要喝茶，嚷嚷了好幾聲，於是小紅就進去了，給上司倒了碗茶，並給上司留下了「容長臉面，細巧身材，卻十分俏麗乾淨」的初步好印象。小紅留心把握機會起了作用，寶玉第二天醒來，惦記著要找她來。

只是，怡紅院裡哪個丫環不想親近寶玉，不想升職，不想有朝一日成了當家主子的姨娘？四等丫頭小紅存心的僭越行為，激怒了二等丫頭秋紋、碧痕，秋紋兜臉啐了一口，罵道：「沒臉的下流東西！正經叫你催水去，你說有事，倒叫我們去，你可等著做這個巧宗兒。一裡一裡的，這不上來了。難道我們倒跟不上你了？你也拿鏡子照照，配遞茶遞水不配！」

挨了這頓好罵的小紅，嚴重意識到競爭的慘烈前景，羊肉還沒吃著，已經惹得一身膻，「心內早灰了一半」。先不說襲人、晴雯這兩個頭等丫頭，即便是二等丫頭秋紋、碧痕她也無法超越。而且自己此次的行為已經被她們發現，估計下次想找機會在寶玉面前表現會更難。小紅知道，自己在怡紅院已經遭遇職場「天花板」，不可能再升職，甚至以後還會經常被同事恥笑排擠。於是她在王熙鳳想找個丫環傳話的時候，緊緊地抓住了一次跳槽的良好機會。

決定跳槽，一定有非跳不可的理由。引起跳槽的原因很多，跳槽行爲的具體動機也是相對複雜的，但我們要避免以下兩種情形是最不理智的跳槽：

情形一：單純為了收入而選擇跳槽

如果僅僅因爲工資或者待遇低，而不綜合考慮其他因素就決定跳槽，是不成熟的一種表現。一份工作代表的不僅僅是收入的單方面增加，還包括知識、技能、經驗、人際關係等多方面的積累。

情形二：因為衝動而跳槽

很多失敗的跳槽都是衝動惹的禍，是由「氣不過」引發的。「氣不過」的事有很多，如未獲得期望的升職與加薪；被上級錯誤的批評，甚至降職或變相降職；與同事發生爭執，被誤解、孤立；在客戶那裡受了委屈，在公司內部不被理解，等等。基於以上原因的跳槽，目的並不是要進入新單位，而是要儘快擺脫目前的工作環境。

當一個人被情緒所左右，尤其是在氣頭上，最可能做出不理智的決定，產生「不管新工作如何，先離開這裡再說」的想法。在這種情況下離職，你可能過於急切、目光短淺，很難找到合適的工作。即使找到工作，也有很大可能違背了自己長期的職業規劃。

被情緒左右的跳槽，還有一種情況，就是並沒有與老東家發生特別直接的矛盾，但在工作一段時間後，覺得工作不斷重複，或者工作太瑣碎了，沒有意義，害怕自己的能力得不到鍛煉，失去未來職場的競爭力。

無論怎樣，你跳槽前都要先衡量一下利弊，自己是非跳不可嗎？另一家公司提供的環境優於現在嗎？自己去了另一家公司，發展空間會比現在大嗎？那家公司和自己的目標規劃相符嗎？

跳槽前先瞭解新東家

口齒伶俐的小紅受到王熙鳳的青睞，王熙鳳有了挖她的心思，於是問她可願意過來跟著自己幹。小紅在怡紅院已經沒有發展的機會，但在王熙鳳那裡自己還有大把機會。跳槽之前，她對王熙鳳那邊的行情已經有所瞭解，知道她到了那裡可以接觸更多的人，見識更多的事。

企業有各自的特點和文化氛圍，在環境上很難分出優劣，即使是一個不錯的公司，不可能適合每一個人。爲改變環境而連續跳槽的人，會對環境非常敏感，放大對環境的不適應，如此跳槽的頻率會不可避免地增高。

(1)只看到一面

跳槽者的心態以及跳槽的時機往往會影響你對公司情況的瞭解。比較急迫的跳槽心態會讓你犯兩個錯誤，一是只看到目標公司熱門、收入高、社會聲譽好的一面，而有意無意地忽略對它內部的經營情況、管理情況、人際關係等的瞭解；二是缺乏對目標公司客觀而清晰的判斷。

瞭解目標公司最好的方式是尋找「內線」，這個內線要對你的情況很瞭解，又要在新公司之中與你沒有直接的工作關聯，這樣，他（她）給你提供的資訊才會比較客觀。另一個比較好的方式則是尋找同業中對目標公司有深入瞭解的朋友。需要指出的是，對於跳槽者而言，任何人提供的資訊，都需要經過自己的判斷過濾。

(2)對新公司是否適合自己判斷不足

另外一種情況，是跳槽者雖然對新公司很瞭解，卻不能準確判斷自己是否適合這家公司。

小陳畢業後被分配到一所圖書館工作。雖然工作不錯，但他總覺得收入太低，每次跟同學比較，心理難免失衡。

剛巧，一個很不起眼的中學同學找到了他。這個同學在做醫藥業務員，幹得非常好，幾年下來，就買房買車了。小陳非常羨慕他。他調任為分公司的負責人之後，邀小陳跟他一起幹，許諾一年買車，兩年買房。在高收入的激勵下，小陳毅然離開了原來的工作單位，成為一名醫藥業務員。

當上業務員後，小陳的生活整個變了。新工作應酬多，身體吃不消不說，晚上回家的時間也不一定。老婆的工作也忙，兩個人都沒有時間管孩子，孩子的學習成績直線下降，有時候連飯都吃不上。為此，老婆經常抱怨。

對於新的工作，小陳也不是很適應。為了銷售產品，不得不採用一些特殊手段，比如給相關負責人送紅包、送禮等，這讓小陳心裡不安，晚上經常睡不著覺。收入雖然高了，但他覺得自己反而沒有以前受人尊重了，不僅如此，他還要對每一位客戶點頭哈腰，阿諛奉承，有種低人一等的感覺。

做了一年，小陳感覺自己身心俱疲，這樣的人生並不是他想要的。在考慮了自己的家庭、身體、良心、尊嚴等問題後，他決定回到以前那種雖然收入普通，但讓人踏實的工作環境中。

二、想要跳槽改變環境，不如先改變自己

有的年輕人初入職場，只爲追求新鮮或刺激，或由著自己的性子。這種人或對工作和環境有喜新厭舊的毛病，喜歡新鮮的人際環境和工作環境，他們在一個單位往往待不到兩三年，有的甚至幾個月就走人。這種人看似主動跳槽，其實大多沒有進行職業規劃，找不到職業定位。這種跳槽爲老闆深惡痛絕，對個人發展也沒有任何好處。

改變自己比改變環境容易多了

很久以前，人類都是赤腳行走的。一位國王去偏遠的鄉間旅遊，路上有很多碎石頭，把他的腳硌得生疼，他大怒，回到皇宮後，下令將國內的所有的道路都鋪上一層牛皮。他覺得這樣做，不僅自己不再受苦，全國老百姓也都可以免受石頭硌腳之苦了。願望是好的，問題是哪裡來那麼多牛皮？就算把全國所有的牛都殺了，也籌措不到足夠的皮革，這還不算用牛皮鋪路所花費的金錢、動用的人力。但既然是國王的命令，誰敢說個「不」字？

就在大家為此發愁的時候，一個聰明的大臣大膽向皇帝諫言說：「國王啊！為什麼您要勞師動眾，犧牲那麼多頭牛，花費那麼多金錢呢？您何不只用兩小片牛皮包住您的腳，這樣不就免受石頭硌腳之苦了嗎？」

國王一聽，當下醒悟，於是立刻收回命令，採用這位大臣的建議。據說，這就是「皮鞋」的由來。

可見，想改變世界，很難，而改變自己則容易得多。與其改變全世界，不如先改變自己。當你改變了自己，你眼中的世界自然也就跟著改變了。所以，如果你希望看到世界改變，那麼第一個必須改變的是自己。

在英國威斯敏斯特教堂的地下室，聖公會主教的墓碑上寫著這樣的一段話：

我年輕的時候，我的想像力沒有受到任何限制，我夢想改變整個世界。

在我漸漸成熟明智的時候，我發現這個世界是不可能改變的，於是我將眼光放得短淺一些：那就只改變我的國家吧！但是這似乎也很難。

當我到了遲暮之年，抱著最後一絲希望，我決定只改變我的家庭、我親近的人——但是，唉！他們根本不接受改變。

在我臨終之際，我才突然意識到：如果起初我只改變自己，接著我就可以改變我的家人。然後，在他們的激發和鼓勵下，我也許就能改變我的國家。接下來，誰知道呢，或許我連整個世界都可以改變。

就以我們與老闆的關係爲例來說，既然我們選擇了這個老闆，並希望在這裡有所作爲，就應該去適應老闆，而不能指望老闆來適應我們。但是，爲什麼還有那麼多人不停地抱怨老闆，然後不停地跳槽？

這就涉及如何適應的問題，有的人爲了討好老闆，無論老闆說什麼都點頭稱是，沒有一點自己的主見，這種忠誠只能稱爲愚忠而不是智慧，老闆自然不會重用一個只會盲目服從的員工。真正的適應不是「絕對服從」，而是「合理順從」。

合理順從的意思是「提供相關資訊，協助老闆達成正確決策，以利自己的配合執行」。老闆是對的，我們應該聽從並且盡力去配合；老闆有偏差或缺失，我們務必要委婉說明加以勸阻，讓老闆感覺到自己是在以「參與」的心態來協助他達成決策。千萬不要明明知道錯了，但因爲對方地位比自己高，權力比自己大，就盲目服從，或者以此企求獲得老闆的寵悅。

適應老闆，不是盲從，不是爲討老闆歡心，而是盡力配合執行，作出更完美的決策，這才是真正地對老闆負責，對自己負責。

第一個階段是接受現實，建立價值。第二個階段是不僅要有價值，還要有生活的歡心。第三個階段是建立心靈價值系統。

先問問自己：那麼多的員工在單位幹得好好的，爲什麼偏偏是我要跳槽？認真分析後，你會發現，並不是公司出了問題，也不是受到上司打壓或同事排擠，而是因爲你沒有完成自我調整。

首先是心理上，剛進入職場的人一時不能走出剛離開學校和家庭的「心理斷乳期」，不能適應朝九晚五、自己照顧自己的另一種生活狀態。

其次是工作上，由於專業能力和經驗不足，大多數職場新人無法保質保量地完成任務，在受到批評後會產生挫敗感。

再次是人際關係，老同事們都能打成一片，工作生活其樂融融，而自己與他們格格不入，形單影隻。

有這些問題的人，不妨看看相關專業書籍，或向父母、老師或學長請教，迅速調整心態，轉變角色，融入全新的工作環境；同時樹立一個信念——我能行，我一定在這個公司幹出成績來。那麼，你還會想跳槽嗎？

積蓄力量，在機會到來之時，進行全力衝刺

當我們沒有能力去改變環境的時候，尤其是環境不利於我們的時候，改變自己，這是一種智慧，一種策略。

伊索寓言中有一個故事：一陣狂風把一棵大樹連根拔起。大樹看到旁邊池塘裡的蘆葦問：「爲什麼這麼粗壯的我都被風刮斷了，而這麼纖細的你卻什麼事也沒有呢？」蘆葦回答說：「我知道自己軟弱無力，就低下頭給風讓路，避免了狂風的衝擊；而你卻拼命抵抗，結果被狂風刮斷了。」

我們應該像蘆葦，儘管軟弱，但有智慧。面對狂風捲來，不是試圖與之對抗，而是伏下身子，低頭彎腰，化險爲夷。與此同時，默默積蓄力量，在機會到來之時，進行全力衝刺。

自然發展規律告訴我們：物競天擇，適者生存。只有不斷調整自身去適應環境的人，才能獲得巨大發展。

三、目標明確，能量充足，方能越跳越高

在王熙鳳給小紅派差還有一些疑慮時，小紅說：「奶奶有什麼話，只管吩咐我說去。若說的不齊全，誤了奶奶的事，憑奶奶責罰就是了。」可見，小紅亦十分自負，不怕你有事，只怕你不用。

她不僅積極承應下來，還立下軍令狀，以表達自己做事的忠誠可靠，使人覺得她在怡紅院是被埋沒了。這番有條有理、爽快俐落的回答，自然讓行事爽利強勁的鳳姐感到滿意和愉悅。

小紅的辦事能力確實很強，憑著爽利口齒，漂亮地完成了鳳姐交代的事。尤其是那一大堆比繞口令還繞的四五門子的話，她說得那樣周全、利索，連李紈都聽不懂，以至於一向挑剔的王熙鳳誇讚說：「好孩子，難為你說的齊全。」當王熙鳳問她願不願跟自己時，她回答得也十分老道：「願意不願意，我們也不敢說。只是跟著奶奶，我們學些眉眼高低，出入上下，大小的事兒也得見識見識。」這話既不顯得猴急，又準確表達了自己的態度，還順帶恭維了王熙鳳。

小紅深知，自己在怡紅院已經沒有上升空間，但如果跟了王熙鳳，不但出入上下，能見識大小事，甚至，有機會升職，成為王熙鳳的「二秘」。作為一個有追求的丫環，她的職業規劃很清晰，就是要一步步走上去。

《紅樓夢》第二十四回，賈芸來見寶玉，當小紅得知他是「本家的爺們」，又長得「清秀」，就「下死眼把賈芸釘了兩眼」。在小紅看來，既然自己已經不可能有跟寶玉的機會，就要轉換目標。賈芸雖不能與寶玉相比，但畢竟是榮國府嫡派子孫，總比將來配個小廝強得多。

而且，賈芸也是很有職場心機的一個人，他不僅借錢買香料送王熙鳳，請她為自己安排工作，還很會拍寶玉的馬屁，甚至願意當比自己小四五歲的寶玉的乾兒子。後來他終於在榮國府混了點差事，賺了些油水。這樣看來，賈芸也是有上進心的，而且頗有些職場能力，也算是個潛力股。

小紅不能忘情於賈芸，「正沒個抓尋」之時，機會來了，「寶玉病的時節，賈芸帶著家下小廝坐更看守，晝夜在這裡。那小紅同眾丫環也在這裡守著寶玉。彼此相見日多，漸漸的混熟了」。接著，小紅發現自己遺失的手帕恰又被賈芸撿得，於是以手帕為媒，展開了一段古典式的戀愛。在「蜂腰橋設言傳心事」一節，當李嬤嬤說出賈芸將要來園的消息後，小紅精心設計問話以打探資訊，並委婉地自薦作引路人。此計不成，當探知墜兒做賈芸的引路人時，她又設計在半路碰到墜兒，借與墜兒講話，把要賈芸歸還手帕之意透露出來了。

靠手帕傳情，小紅憑藉自己的心機終於實現了職場三級跳，從一個丫環變成了一個小主。

每走一步，小紅的目標都制訂得很清楚，每跳一次，她都會離自己的目標更近些。

跳槽前要做的準備

關於跳槽，職場專家認爲，不管你想跳去哪裡，但有一點必須明確，你在跳槽前要有心理準備，不然的話，只能浪費你的人生時間成本。

請你問自己以下幾個問題：

(1)現在的公司真的沒有你的發展空間了嗎？

其實跳槽解決的直接問題是薪酬，但是薪酬在個人發展的問題前顯得「小巫見大巫」，人之所以會跳槽，最根本的原因還是自身發展的問題。如果一家公司能給你發展的空間，那麼薪酬就不是問題。

你現在的公司如果在未來的時間裡能給你發展的機會，那麼你大可不必跳槽，因爲你跳槽之後在新的公司又得從零開始，而如果這家公司不能再提供你發展的機會，那麼你跳槽就是必須的。

(2)你跳槽前在現有的公司所建立的人際關係有多少價值？

人要發展，必須要有人際關係作爲後盾，如果沒有人際關係，你就只能是「獨行俠」。單打獨鬥是很難成功的，並且新的雇主不會雇傭一個沒有人際關係的員工。如果你在現有的公司擁有了良好的人際關係，而這些人際關係又是你花了很多的時間成本、精神成本所建立起來的，那麼選擇跳槽，這些成本就可能無法得到回收，這可比錢更重要。

若你本來就不善於建立與管理人際關係，那麼選擇跳槽就要更加小心，到新公司，新公司的文化理念你是否瞭解？若不瞭解，你應該深層次瞭解一下，進行比較。若新公司人際文化比較適合你建立與管理人際關係，那麼你可以選擇跳槽，若更不行，那麼你還是不要急著跳槽。

(3)跳槽前你要明白別的公司聘你，是你自己去應聘的，還是新公司請你去的？

如果是新公司請你去的，那麼就證明他們非常需要你，進而對你的期望值也很高。這種情況，職場專家建議，你要明白自己的能力是否可以在短時間內滿足新公司的期望？要達到新公司的期望要求，你在知識結構與能力結構方面要做哪些準備？如果你的能力達不到新公司的期望值，就算你跳過去了，以後的日子也不會比你在原公司的好。

如果你是自己應聘得到的崗位，那麼新公司對你的期望值不一定很高，他們會把你當作新人來培養。這時候，你應該到該公司看看，或到它的客服部瞭解一些情況，如以顧客身分看看他們的終端管理。這些準備，是為了讓你到新公司後能夠立馬上手工作，縮短新公司對你的全面認知時間，從而得到價值肯定。

(4)新公司的組織環境可以支持你的期望值實現嗎？

既然你跳槽是爲了實現自己的期望值，那麼你在跳之前，就要調查清楚，你想跳過去的新公司能實現你對自己的期望值嗎？這種期望值不僅指發展空間和薪水，還包括是否有個好的上司，因爲好上司會著力培養你。在跳槽之前，你要瞭解清楚，你的上司專業與你是否一樣？如果你的跳槽是想獨立操作或管理，那麼與你專業相同的上司會成爲你前進中的障礙，因爲上司的專業特長需要發揮空間，而這會佔領你想發揮的空間。你應該跳槽到你的專業知識能夠得到補充或突顯的新組織裡，可能這個新組織的其他條件不一定好，但是因爲他們現在需要你，你的期望值得到實現的機率會相對較大。

跳槽不急於一時

跳槽是爲了「人往高處走」，但思慮不周，準備不充分的跳槽，往往不能達到預期效果，以致出現頻繁跳槽甚至越跳越差的局面。職場新人尤其應該注意這一點，在做出跳槽決定之前，一定要反覆思考，做好充分準備。

如果不是王熙鳳需要一個人傳話，小紅貿然去攀高枝，自然不合時宜。有的機會是需要等的，太過心急反而欲速則不達。

如果要對跳槽分類，不外乎被動和主動，前者是無可奈何而爲之，後者是自覺的選擇。

一位職業規劃師通過多年研究，尋找人們跳槽背後的原因。他發現只有很少部分跳槽者屬於被動類，如得罪了上司或與上司、同事關係惡劣，無法繼續相處等，絕大多數跳槽者都屬主動跳槽。

有的跳槽者將公司當做自主創業的實習基地或個人發展的跳板。這種人的目的非常明確，那就是積累資金和經驗，他們工作盡職盡責、踏實勤奮，一旦條件成熟，便會毅然離開。

有的跳槽者喜歡挑戰和創新。他們一步步從小企業跳到大公司，跳到外商公司、世界五百強企業，總之，公司越大越好，越有名氣越好；有的跳槽者不在乎公司大小，卻熱衷於職位的提升或新崗位的挑戰；有的跳槽者單純以薪酬爲目標，誰給的錢多就跳到那裡去。但大多數人還是因爲在公司發展受阻，必須尋找新的發展空間。對跳槽原因有了大致的瞭解，我們便可有針對性地分析，多對自己問幾個爲什麼，可以減少跳槽的盲目性。

跳槽前你先要問問自己爲什麼跳槽。如果僅僅爲了滿足新鮮感和好奇心，應該立馬打住，想想人生有多少個二十多歲，有多少時間可以讓你從頭再來。如果你屬於挑戰型，不斷向新目標發起衝擊，就應冷靜地思考一下，新公司承諾給高職位、高薪水，工作要求和難度也會增加，你是否已經具備衝擊下一個高點的能力。如果立志創業，你則更應想一想，創業的條件是否充分，公司給你的「實習」期是不是已經圓滿完結。

你還要比較一下跳槽的得失。跳槽最直接的損失是失去本來屬於你的工作，花了一定時間獲得的行業經驗、人脈資源等等；得到的是什麼呢？對全新的、比這更好的工作有十二分的把握嗎？在新的工作崗位上就能如魚得水，實現自身價値？新的工作與人生理想越來越近還是越來越遠？

如果你對這些問題都能給出肯定和滿意的回答，跳槽的時機基本成熟。

你還有幾點需要注意：

1.在目前公司應至少工作一年以上，不然新老闆就會探究你以前的表現，讓你的職業發展打折扣。

2.要在目前工作進展順利而不是走下坡路時離開。仔細研讀與老公司簽訂的合同，爲離職掃清障礙。

3.花時間熟悉新公司的情況，爲重新上崗鋪平道路。

4.無論跳槽前還是後，切忌說老公司的「不好」，也不要一味奉承新公司的優點。

鴛鴦為何誓死不跳槽

《紅樓夢》裡，伺候賈母的鴛鴦有一個鯉魚跳龍門的機會——嫁給賈赦當姨娘，由一個奴才變成一個體面的主子，可她卻以死相拼，推掉了這段「美姻緣」。從一個「普通員工」一下子變爲「領導層」，這可是許多人削尖了腦袋爭奪的一件美事，鴛鴦是賈府靈魂人物——賈母身邊的得力幹將，才貌雙絕，爲何這般沒有心機呢？

而在跳槽與「臥槽」之間，現代的職場人又該如何衡量選擇？

一、與其去別處尋找更好的發展空間，不如在此處成為不可替代的人才

大觀園的丫環不計其數，但是曹雪芹只給了兩個丫環「姓」，其中一個便是鴛鴦，她得到了一個「金」姓。

金鴛鴦是賈母的左臂右膀，其職位相當於現在職場上的董事長機要秘書。雖然只

是個伺候主子的下人，但鴛鴦卻深得賈母的信任。

而當面對大老爺賈赦要招她為姨娘，從「普通員工」一下變為「領導層」的時候，鴛鴦卻誓死不跳槽。

鴛鴦除了細心周到，溫柔體貼，把那個享了幾十年福的老太太哄得服服貼貼之外，長相也是相當不錯的。最重要的是，鴛鴦深得賈母信任，掌握著著賈母的私房錢。雖說是個丫環，但《紅樓夢》中各房的主子見到鴛鴦也都要讓上三分。董事長秘書可是離董事長最近的人，她的話是最容易影響董事長的。而且，鴛鴦幹事得力，為人又公正，從不搬弄是非，也不借著自己的地位狐假虎威，賈母越是離不了她，她的職場空間也就越大。

也正因為鴛鴦太得賈母的歡心，才讓賈赦起了念頭，想討了鴛鴦去做姨娘，他還專門讓自己的老婆來給鴛鴦說：「冷眼選了半年，這些女孩子裡頭，就只你是個尖兒，模樣兒，行事作人，溫柔可靠，一概是齊全的。意思要和老太太討了你去，收在屋裡。你比不得外頭新買的，你這一進去了，進門就開了臉，就封你姨娘，又體面，又尊貴。你又是個要強的人，俗話說的『金子終得金子換』，誰知竟被老爺看重了你。如今這一來，你可遂了素日志大心高的願了，也堵一堵那些嫌你的人的嘴。」

看鴛鴦不太情願的樣子，邢夫人又勸道：「難道你不願意不成？若果然不願意，可真是個傻丫頭了。放著主子奶奶不作，倒願意作丫頭！三年二年，不過配上個小子，還是奴才。你跟了我們去，你知道我的性子又好，又不是那不容人的人。老爺待你們又好，過一年半載，生下個一男半女，你就和我並肩了。家裡人你要使喚誰，誰還不動？現成主子不做去，錯過這個機會，後悔就遲了。」

邢夫人這話已經幫鴛鴦把前途分析得很透徹，作為大房她親自來勸，也顯得很有誠意。但是鴛鴦有自己的打算，她對新老板不感興趣，對新公司要從事的工作也不喜歡，雖然去了以後聽起來是升職了，但是要面對更多的職場壓力和複雜的人際關係。我們看看《紅樓夢》裡的姨娘們生活的狀況就知道了：趙姨娘是個討人嫌的，尤二姐被王熙鳳暗算死了……姨娘聽起來好聽，當起來可不容易。而且，鴛鴦也知道，賈赦想要她做姨娘，也並不是真的喜歡自己，而是因為自己是賈母最喜歡的丫環，又知道賈母的私房錢，他是想用自己控制賈母的財產。最重要的一點是，她清楚，賈母才是賈府最大的靠山，自己現在雖然是秘書，聽起來職位不高，但擁有實權。

可見，當你做到最好的時候，不但老闆賞識，獵頭公司也會主動找上門來。就如同鴛鴦一般，可以自己挑選個更適合自己的公司。

想要得到更好的發展空間，先要讓自己成爲不可替代的人才。

員工甲覺得自己現在的工作情況糟糕透了，上司要求苛刻，不尊重他，同事們總是很輕浮地開自己的玩笑，於是他跟乙抱怨說：「我要離開這個破公司。」

乙舉雙手贊成道：「沒錯，這樣的公司你一定要好好的報復它，但是現在不是時機。」

甲很困惑地說：「爲什麼呢？」

乙說：「你若是現在走的話，公司的損失並不大，你要趁著在公司的機會，拚命的多拉一些客戶，然後積累很多的工作經驗，然後你帶著這些客戶離開這家破公司，讓他們後悔莫及。」

甲覺得有理，於是開始努力工作，積累了很多的客戶。乙說：「你現在可以離開了。」甲輕笑回答說：「老總準備升我做總裁助理了，我暫時不打算離開了。」

其實有些時候，很多事情達不到預期的目標不是因爲公司，因爲同事，而是因爲自己。只要自己願意去改變，下決心去改變，很多事情都可以解決，很多跳槽的藉口也都不存在。事實上，與其用跳槽去逃避我們所遇到的困境，不如面對它，解決它。把鉛華和浮躁一起洗去，停止自己的跳槽生涯，然後安安靜靜的在一家公司的一個崗位上努力，讓自己逐漸成爲這個公司和這個崗位上不可或缺、無可替代的一員。

二、你的敬業精神增加一分，別人對你的尊敬也會增加一分

在賈府那樣的大家族裡，鴛鴦深獲各階層人士的敬重和好評。當家人賈璉及女管家王熙鳳，竟有時稱她為「鴛鴦姐姐」，而賈政也對她客氣三分。這固然是因鴛鴦的地位不同於其他婢女，也是因鴛鴦行事自我要求高、志行潔、能守住本分，而不越「禮」。小說中的鴛鴦深得賈母歡心，連打牌都離不開。她的爽直、聰慧、忠心，不僅把賈母的生活料理得井井有條、妥妥貼貼，不讓賈母為生活瑣事費心勞神，更重要的是，她能體察「老小孩」的心意，處處滿足她的欲望、樂趣。這在「金鴛鴦三宣牙牌令」一回中表現得淋漓盡致。

小說中沒有寫到她說別人的壞話，或以自己的特殊「崗位」而拉攏他人以培植私人勢力。作為「一等」秘書，鴛鴦處處維護老太太的威信和尊嚴，同時又能做到秉公辦事，嚴守他人的秘密。她管理賈母的財產數目可觀，但從不私占肥己。即使把賈母的東西交給賈璉去當，也是為救這個大家庭，而非出於私心。由此可見，鴛鴦雖然是一個丫環，但比起王熙鳳等主子來說，心靈不知要美上多少倍了。

金鴛鴦貴有一顆閃光的金子般的心。在一些女婢羨慕妾的地位、想方設法爬上這個位置的社會風氣裡，她絲毫沒有虛榮心，絲毫不想要利用自己的地位去攀高枝。當老色鬼賈赦看中她、非要娶她不可的時候，她竟以剪髮為誓明志，毅然地拒絕了。她

忠於自己，沒有非分之「夢」。第四十六回當平兒、襲人取笑她時，她譏笑了她們：「你們自為都有了結果了，將來都是做姨娘的。據我看，天下的事未必都遂心如意。你們且收著些兒，別忒樂過了頭兒！」這話如一盆冰水澆到平兒與襲人頭上，讓她們清醒之餘還要打個冷顫——別做「姨娘夢」！

同一回，她回擊她嫂子的話更是如五雷轟頂。鴛鴦痛罵道：「你快閉上你那臭嘴，離了這裡，好多著呢！什麼好話！又是什麼喜事！怪道成日家羨慕人家的丫頭做了小老婆，一家子都仗著他橫行霸道的，一家子都成了小老婆了！看的眼熱了，也把我送在火坑裡去！我若得臉呢，你們外頭橫行霸道，自己就封自己是舅爺了；我若不得臉敗了時，你們把忘八脖子一縮，生死由我！」

鴛鴦看得透，罵得出，驚天動地，拆穿了一切想向上爬的奴才心態，也罵盡了世情！鴛鴦雖身為女婢，地位卑微，但人格高貴。她沒有因自己地位卑下而成弱者，甘心受人欺侮。面對主子賈赦的魔掌，她誓死抗爭。在第四十六回裡，她對賈母哭訴道：

「因為不依，方才大老爺越性說我戀著寶玉。不然要等著往外聘，我到天上，這一輩子也跳不出他的手心去，終究要報仇！我是横了心的！當著眾人在這裡，我這一輩子，別說是『寶玉』，便是『寶金』、『寶銀』、『寶天王』、『寶皇帝』，橫豎不嫁人就完了！就是老太太逼著我，我一刀抹死了，也不能從命……服侍老太太歸了西，我也不跟我老子娘哥哥去，我或是尋死，或是剪了頭髮當尼姑去——若說我不是真心，暫且拿話支吾，日後再圖別的，天地鬼神，日頭月亮照著嗓子，從嗓子裡頭長療爛了出來，爛化成醬在這裡！」

這是一個人在絕望時方能發出的呼喊，也只有鴛鴦能夠發出這樣的呼喊——這呼喊中有她對社會、對人生的深刻體驗，也有她忠於主人、忠於人格的痛惜之聲。

鴛鴦的誓死不跳槽帶給我們很多啓示：

(1)一名員工如何才能延長職業生命？很重要的一點是不能頻繁跳槽。無論是剛畢業還是已經工作多年的員工，對工作都不要過於挑剔，否則對自己的發展非常不利。

(2)公司的老闆對跳槽的員工們應抱以寬容的心，如果能把感情維繫住，這些跳出「槽」外的員工，經過在社會實踐的鍛煉仍是公司潛在的財富。

(3)在追求自我發展的職場上，忠誠也是一種職場生存方式。老闆在用人時，不僅僅看重個人能力，更看重個人品質，而品質中最關鍵的就是忠誠度。在這個世界上，並不缺乏有能力的人，那種既有能力又忠誠的人才是每一個企業都企求的理想人才。人們寧願信任一個能力差一些卻足夠忠誠敬業的人，也不願重用一個朝三暮四、視忠誠爲無物的人，哪怕他能力非凡。

(4)只有所有的員工都對企業忠誠，才能發揮出團隊的力量，才能擰成一股繩，勁往一處使，推動企業走向成功。一個公司的生存依靠少數員工的能力和智慧，卻需要絕大多數員工的忠誠和勤奮。

(5)如果你忠誠地對待你的老闆，他也會真誠對待你。你的敬業精神增加一分，別人對你的尊敬也會增加一分。不管你的能力如何，只要你真正表現出對公司的忠誠，你就能贏得老闆的信賴。老闆會樂意在你身上投資，給你培訓的機會，提高你的技能，因爲他認爲你是值得他信賴和培養的。

三、衡量清楚，再決定是「臥槽」還是跳槽

現在，許多人如同得了跳槽綜合症，生命不息、跳槽不止，駕鴦的「反常」舉動值得我們三思。

工資不是萬能的。

鴛鴦到了賈赦那裡，收入會由當丫環時的一兩變成二兩，吃穿用度也會「鳥槍換炮」。但如果從「福利待遇」上來看，離開賈母是明升暗降。

在賈母那裡，鴛鴦並沒有濫用自己的權力，「他還投主子們的緣法，也並不指著我和這位太太要衣裳去，又和那位奶奶要銀子去」。但以她所在的位置，吃穿用度自是和賈母相差無幾，且能經常得到賈母及其他主子的賞賜，加起來，不會比做姨太太少到哪裡。所以，收入方面，賈赦對鴛鴦沒有多大誘惑力。

作爲一個現代人，在跳槽前，我們一定要向鴛鴦學習，在收入上算清賬，眼睛不能只盯著那些拿到手裡的錢，還要考慮公司的「軟」情況，如：福利待遇、人脈關係、額外獎金、能力提升、公司是否有較好的培訓、工資增長模式是否合理、自己有無快速加薪機會、跳槽對自己的職業規劃有何利弊……這些「身外之物」對一個員工的長遠發展是極其重要的。在棋壇，高手總是能看出好幾步棋，跳槽也要如此，不能頭腦發熱，想跳就跳，要有一個前瞻性的預測，不能爲眼前的小利而「亂了心性」。

跳槽就是企業與員工之間的博弈，這種博弈主要體現在以下三個方面。請衡量清楚，再決定是「臥槽」還是跳槽。

(1)價值博弈

職業就是向社會提供價值，同時獲得自己想要的價值。一個人到一家企業工作，會得到工資福利、人際關係、社會地位和能力成長等，要付出時間成本、精力成本、投資成本和生活成本等。所謂優質的職業，就是在付出一樣的情況下，得到了更好的薪酬、更高的地位、更好的發展空間和能力提高的機會。而跳槽，就是爲了獲得這樣的好工作，爭取自己最大的附加職業價值。

從企業角度來看，企業聘用一名員工，獲得了員工所從事崗位的崗位價值和員工的勞動貢獻，付出了工資福利成本、培訓成本、支持成本和管理成本等。企業會對不同的崗位進行價值判斷，在崗位價值不變的基礎上，追求付出更少的成本支出，也就是說，企業都在爭取自身最大的附加崗位價值。

於是，在企業與員工之間便會出現一種價值博弈，員工會定期或不定期地向企業提出加薪、轉崗和晉升要求，以提升自己的附加職業價值。當所在企業提供的附加職業價值沒有吸引力時，他們就會在外部尋找機會，用跳槽或創業向所在企業說再見。而企業會連續地對員工進行績效考核和各種管理，評價員工對企業的勞動貢獻，向員工支付勞動價值。當企業認爲員工不能勝任工作、考核結果很差、與企業發展價值貢獻不匹配時，就會用各種方法讓員工走人。

(2)替代性博弈

每天發生的離職事件數以萬計，爲什麼有些人的離職悄無聲息，而有些人的離職卻讓企業焦頭爛額?更有甚者，能引發業界震動?這不僅僅是因爲這些人是企業的骨幹和業界的精英，更因爲這些員工離職留下的崗位空缺很難在短時間內得到補給。如果員工很容易被替代，他的離職便不會對企業產生較大的影響；但是，一位骨幹的離職則可能導致企業工作的混亂，甚至是一段時間的停滯。

因此，跳槽與反跳槽是企業與員工替代性博弈的結果。從企業角度看，最理想狀態是每一位員工都能夠被經濟、及時地替代，老闆在得知骨幹員工跳槽後的第一時間內宣佈由某某人接替其職位，並立即就位，企業正常運行，未來業績波動不大，在這種情況下，企業無疑是最安全的，掌握著絕對的主動權；從員工角度看，他們時刻都在通過不斷的學習和累積的經驗來增強自身的不可替代性，從而爲自己爭取更高的職位和薪酬。

員工對企業的價值，從根本上來說，是以可替代性的強弱爲判斷標準的。這一博弈過程始終存在於企業中，只是或隱或現，有時激烈，有時平緩。

(3)成長性博弈

企業與員工在相互合作的發展過程中會隨著時間的變化，產生發展速度不同步的現象，或者企業發展較快，員工發展較慢；或者員工，尤其是某些骨幹員工成長的速度超越企業發展的速度。前者，員工會發現企業在不斷做大，自己還在原地踏步，有被淘汰的可能；後者，作爲成長了的員工個體，其產生更高的利益訴求是再正常不過的事情。

價值、不可替代性、成長性都與所在企業不匹配，而人才市場上又有合適職業發展機會，這時候你是可以考慮跳槽的。

找到家的感覺

鴛鴦是家生女兒，從小長在大觀園，又在賈母身邊做事，整日與府內外的「高層」往來，對園子的人和事看得自然比其他丫環深許多，是賈府內惟一有前瞻性思維的丫環。她知道，並不是做了姨娘，就會鯉魚跳龍門，弄不好，做姨娘比做丫環還艱難。

首先，在家族利益紛爭中，嫉妒容易成為犧牲品。鴛鴦不像王熙鳳那樣，有富貴的娘家做靠山，她的父母都是賈府的奴才，且已年邁，不在身邊，哥嫂薄情寡義、不明事理。

其次，賈赦品行不端。他雖年老體衰，卻貪財好色，心狠手辣，「略平頭正臉的，他就不放手了」。一旦娶到手，「今兒朝東，明兒朝西？要一個天仙來，也不過三夜五夕，也丟在脖子後頭了，甚至於為妾為丫頭反目成仇」。而賈赦的正房邢夫人又是一個愚頑兇狠的主子，整天想著與王夫人爭奪地位。在這種態勢下，鴛鴦過去後，是不會有安寧日子可過的。鴛鴦覺得，在賈母身邊雖享受不到當姨娘的「主子」好處，但畢竟安寧無事，況賈母做事分寸拿捏得十分好，能讓鴛鴦找到家的感覺，這是穿金戴銀、燈紅酒綠的小妾生活所無法比的。

賈母之所以能留住鴛鴦，是因為她能營造一種和諧向上的氛圍，企業如果想留住員工，讓他們與企業「成家立業、白頭到老」，就要在這方面下功夫。

現在許多企業總以爲出錢多就能留住人，不重視對員工工作大環境的建設，比如爲員工創造一個優美、安靜的辦公環境、提供通勤車服務、提供住房補貼或育兒津貼等等。

公司要想讓員工找到家的感覺，最重要的一點是：絕不能像賈府那樣搞一言堂，論資排輩，要建立員工建議制度，使他們的合理化建議得到實施。同時，對員工的工作量，企業要進行科學地測評，確定合理的工作量和流程。員工負擔過重或過於輕鬆都可能出現「工作厭惡症」，公司要在單調的工作中增加一點情趣，對工作特徵相近的職位進行定期輪換。

有一個好歸宿

鴛鴦死活不去賈赦那「高就」，那麼她想「跳到何處」呢？賈赦早已知道——「想著老太太疼他，將來自然往外聘作正頭夫妻去。」鴛鴦對自由的愛情是極其嚮往的，由她保護丫環司棋與潘又安戀情的事便可看出。

作為賈母的得力助手，鴛鴦是一個有才華的女孩，不但針織女紅好，還能幫賈母守財、理財，王熙鳳和賈璉就曾從她手裡借過銀子以備家裡急用。

一個聰明、美麗、有才華的女孩，自然渴望找到一個能自己做主、又能盡情發揮才華的地方，所以，賈赦那個淫樂窩無論多麼安逸富貴，在鴛鴦的眼裡，也不過是一個深不見底的火坑，縱使是當尼姑、上吊抹脖子也絕不答應。

一個能留住人才的公司，必須給鴛鴦這樣的才女提供充分的發展空間，使她的個人能力和素質飛速成長，這樣她對公司才能從認同變爲愛戀、再變爲依戀、最後生死相依、不離不棄。

當然，給員工進行培訓有一大隱患，就是「肥水」容易流入外人田。在當今，讓公司的人才絕對不流動是不可能的，公司在發展籌畫時必須做好這樣的準備，同時，要想方設法吸引並留住人才。

對於一些跳走的「鴛鴦」們，公司千萬不能像賈赦那樣，把人家罵得狗血噴頭，要知道，如果感情維繫住，這些人才仍是公司的財富，在今後的發展過程中，彼此還可以有多種形式的合作，如果公司種的「梧桐樹」長高長大時，要拿出當年劉備的風度與心胸，屢顧茅廬，求金鳳凰「二進宮」。

中國有句俗話：「好馬不吃回頭草」，現在許多企業主在對待離職員工的態度上也抱有同樣的成見。受傳統思想的影響，他們認爲跳槽員工的「忠誠度」值得懷疑，返聘員工在面子上也說不過去。其實這是一種錯誤的認識，在現代人力資源管理體系中，「惜才理念」的範疇是很廣泛的，人才的跳槽離去是公司的一種損失，「新草看上去可能更綠一些，但事實往往並非如此，所以應該叫他們回來，並告訴他們，公司非常想念他們。第一次雇用他們時，可能由於瞭解不夠，而不知道他們的價值並做出相應承諾，但在第二次你就可能發現金礦」！

人才跳槽之後的經歷對他們而言是一段寶貴的財富，不同的環境和工作內容進一步鍛煉了他們的能力，閱歷也隨之增加，這樣的人才對公司來說，遠比一個新手重要得多。分析資料表明，雇用一個新員工所需支付的招聘、培訓費用以及相關的業務耗費超過了支付給該員工的個人薪酬，但如果這個人原本就熟悉公司現有的業務流程，能夠順暢的與公司管理層進行溝通，並且無需支付上崗前的培訓費用呢？摩托羅拉公司對於離職員工的返聘有這樣一條規定：如果公司員工離開公司九十天以內重新回到公司，其年資將跳過這一段離職時間連續計算。

近年來，許多跨國公司的人力資源部都出現了一個新的職位：「舊雇員關係主管」，專門負責與前雇員的聯繫工作。麥肯錫公司把離職員工的聯繫方式、個人基本情況以及職業生涯的變動情況輸入前雇員關聯資料庫，建立了一個名爲「麥肯錫校友錄」的花名冊，現在這些離職人員中不乏上市公司CEO、華爾街投資專家、教授和政府官員，這些人至今都與公司保持著良好的關係。其實麥肯錫也很清楚這些離職的人才再回到公司的可能性並不大，但這些身處各個領域的社會精英們，隨時都會給麥肯錫帶來更多的商機！

◆延伸閱讀◆

賈母的私房錢與理財師鴛鴦

數個世紀前的英國，為貴族管理私人財務，已經成為一門職業化很強的專學，如今的私人銀行即脫胎於此。中國清朝康乾年間，當時的貴族財務管理，多由府第管家或心腹人士實施，《紅樓夢》中為賈母提供專職服務的鴛鴦可算是其中的一位。

鴛鴦為賈母打理的個人財富總價值約白銀數萬兩。該筆財富共出現過兩次。一次是鳳姐的演算法。第五十五回，鳳姐在與平兒聊到省儉之計時稱，寶玉和黛玉的婚嫁費用將全部出自賈母的體己錢（或稱私房錢），接著又說惜春等人婚嫁每人要花費七八千兩白銀，與之相比，寶黛婚嫁每人花費上萬兩是正常的，這樣賈母的私房錢至少就有兩萬多兩。

二是賈母的演算法。第一百零七回「散餘資賈母明大義」中，因寧國府被抄，賈赦、賈珍等獲罪，賈母將自己財物分派時顯示了其個人財富。這包括：分給賈赦、賈珍、鳳姐各三千兩現銀，交給賈璉的黛玉棺木南運費五百兩，承諾包攬惜春婚事費用，交給賈政用於償還債務的黃金若干，分給寶玉、寶釵金銀飾物折數千兩，分給李紈、賈蘭若干，自備百年費用數千兩，分給鴛鴦等的剩餘財物。如此計算，賈母的個人財富約折合白銀五萬兩。這筆財富為賈母自做賈府媳婦以來數十年積攢，平時用大箱籠自藏，從散餘資之前，賈母「便叫鴛鴦吩咐去了」一句可見，該筆巨額財富純係鴛鴦一人打理，而能夠迅速理清這筆財富，鴛鴦手中如沒有一個現成的大帳本是辦不到的。

鴛鴦能夠成為類似如今的CFP（國際金融理財師），實為賈母之功。鴛鴦本是賈府的家生女兒，其父親金彩和母親長期為賈府看守南京的老房子，而鴛鴦早在兒時就成了賈母的丫環之一。試想，兩個不在身邊的看房人如何培養鴛鴦？她是被擅長理家的賈母一步步調教出來的，最後，她超越了其他丫環，成了賈母的心腹和私人財務師。

按鳳姐對王夫人的陳述，鴛鴦的月薪僅是一兩銀子。以微薄報酬管理巨額財富，沒有對賈母的忠誠是不行的，否則，隨便挪用幾百兩，像鳳姐那樣在外面放放高利貸，她便可以獲得很高的收益。但鴛鴦沒有這樣做，她對賈母感恩式的忠誠遠勝過對物質的追逐，她甚至主動放棄了做賈赦姨太太的機會，這樣的職業財務師實在難得。

為賈母理財，並不是一件易事。首先要做到賬目細。誠然，賈母的日常財務支出並不多，大到禮節往來，小到家宴壽辰，都可在賈府公賬上列支（如據賈璉稱，賈母一次壽辰花費的數千兩銀子就出自公賬），但和鳳姐等的小賭輸贏、給秋紋等丫頭的賞錢等，卻是出自私房錢。雖然金額不大（多以錢、吊為單位計），但每天都可能發生。

其次，要明瞭賈府財務大勢，這包括有時要暗地挪用和支出賈母的個人財富。賈璉為應付節慶紅白禮，急需三二千兩銀子，但公賬上卻無銀可支，只好求助鴛鴦，幫著偷出賈母的一箱東西典當。鴛鴦清楚賈府財務已是入不敷出，甘願冒著風險幫了賈璉、鳳姐一把，不過，直到賈母去世，賈璉也沒有贖回這箱子當頭，算是給鴛鴦出了個難題。

長期維持私人財務師的職位雖非易事，但鴛鴦的能力在於，她還兼任賈母的生活秘書，由於照料得好，年事已高的賈母，日常生活再也離不開鴛鴦。再則，她的才情和人情味，讓她結下了一個好人緣。鴛鴦是酒令高手，行酒令時，要說詩詞歌賦，她可以替王夫人說一個，可見她的才情，以及和王夫人的關係；司棋、潘又安私會，她發現後也不揭發，可見她對自由愛情的認可，以及她的前衛思想；寶玉、平兒生日，探春主動把她叫上，可見她的人脈。當然，有時候，她也有些手段。如在賈母大觀園設宴中，她見剩下了許多菜，便質問管事的婆子，並要婆子挑兩碗送給平兒吃，當鳳姐說平兒吃過飯了，她則直稱，「她不吃了，餵你們的貓」，顯然是針對婆子們而言，此話一出，慌得婆子「忙揀了兩樣拿盒子送去」。

但鴛鴦的命運最終是個悲劇。她哥哥金文翔是賈母的買辦，嫂子是賈母漿洗處的負責人，恐是賈母給了鴛鴦面子的結果。但勢利的哥嫂完全靠不住，賈母去世後，面對賈赦日後可能的逼迫，她選擇了自盡。

[第五章]

紅樓四大秘書的職場情商

《紅樓夢》中眾多的秘書裡，最突出的要數：鴛鴦、襲人、紫鵑、平兒這四大秘書。作為職場女性，她們都有自己成功的一面，能夠從龐大的小丫環群體中脫穎而出，成為丫環中的「二等小姐」，年紀輕輕就坐上中層領導者的位置，管著手下一批員工——小丫環們。也就是說，她們是紅樓職場女子中的第一流先進工作者。

這四大女秘書，各有千秋：鴛鴦最忠誠，襲人最敬業，平兒最能幹，紫鵑最貼心。學會了她們的職場之道，你的職場之路自然會順暢得多。

鴛鴦：忠誠成就頭號女秘書

鴛鴦是賈府數以百計的丫環當中地位最高的，因爲她是伺候賈府老祖宗賈母的「首席大丫鬟」。賈母像她這樣月銀一兩的丫環有八個，而鴛鴦位居第一。

鴛鴦自小服侍賈母，因聰慧賢淑深得賈母的喜愛，以至於眾人都說賈母連吃飯都離不了她，這種盡善盡美的評價，縱觀榮寧二府怕是無人比肩。賈母自己眼中的鴛鴦更是：雖年長，幸心細；能知意，且穩重；既守分，又擅言。賈母不止一次說自己離不開鴛鴦，連自己的體己錢也都交給鴛鴦保管，她甚至不惜爲了鴛鴦斥責自己的大兒子，可想她對鴛鴦多麼看重。

鴛鴦能成爲頭號女秘書，很大一部分源自她的忠誠。

一、盡心盡力，讓賈母做最省心的董事長

每個成功的領導者背後都有一個默默耕耘、辛苦工作的秘書。享譽全球的微軟公

司在創業之初，連一間正式的辦公室都沒有。比爾·蓋茲每想到此都會感慨萬分，他說：「微軟的成功有她的一份功勞。」這個「她」，是指在他最艱難的創業階段幫助過他的一個女秘書——露寶，她無微不至的服務，爲他解決了很多工作上的困難，使他能夠更好地創造輝煌業績。

鴛鴦自小跟著賈母，盡心盡力地打理著賈母的一應瑣事，小到吃穿用度，大到賈母的體己錢，全在鴛鴦的管理之下。但鴛鴦從未做過任何逾矩之事。她手中擁有權力，但從不濫用，做事情的出發點都是賈母：怎樣讓賈母生活得更舒適，怎樣讓賈母更省心……

第七十六回，中秋賞桂，鴛鴦唯恐「露水下了，風吹了頭」，拿巾兜與大斗篷來，勸老太太「坐坐也該歇了」，而賈母道：「偏今兒高興，你又來催，難道我醉了不成?偏要坐到天亮！」一面又「戴上兜巾，披了斗篷」。鴛鴦細心周到，考慮到了生活的最細微處，而老太太雖嗔猶喜，對鴛鴦的貼心十分受用。從兩人的對話看，似乎在主僕關係的表面上，還有一份朝夕相處衍生出來的親情。

賈母年紀大了，做為賈母的第一秘書，最重要的就是讓賈母保重身體。鴛鴦細緻體貼，不但注意給賈母添減衣物，更是時常做賈母的開心果，讓賈母保持心情愉悅。每次王熙鳳逗賈母笑的時候，鴛鴦都在旁做默契配合。

也難怪李紈這樣誇她：「大小都有個天理：比如老太太屋裡，要沒鴛鴦姑娘，如何使得？從太太起，哪一個敢駁老太太的回？他現敢駁回，偏老太太只聽他一人的話，老太太的那些穿戴的，別人不記得，他都記得，要不是他經管著，不知叫人誆騙了多少去呢……」就連能幹的平兒也說：「那原是個好的，我們哪裡比得上他。」

對於秘書來說，最重要的就是忠誠。放在現在的職場上，便是秘書必須堅持自己的職業操守。忠誠就是他的職業生命，對於那些快速成長的高科技公司，或者以服務業為主的公司來說，秘書忠誠度更為重要，因為這種新興的公司在市場中的核心競爭力，可能就是一項專利，是一個技術訣竅，或者是一個創意，有時甚至只是一條商業機密，就像當年的可口可樂公司一樣，只有一個配方。秘書為了錢，或者為了洩私憤，完全有可能利用職務之便，出賣公司的這種無形資產。因此，有人把秘書比作「埋在老板身邊的定時炸彈」。

如果一個秘書對他服務的上司或公司沒有忠誠感，就不能算是一個職業秘書，充其量只是一個勤雜工。

在現代企業中，職業經理人與職業秘書之間的關係，就像交響樂團中的樂手與指揮的關係一樣，樂手不是為指揮而演奏的，而是按指揮的手勢與指揮一起共同為觀眾而演奏；秘書不是為上司而工作，而是與上司一起為企業而工作的，只不過秘書是根據上司的指令而工作罷了。因此，秘書與上司的關係本質上是一種工作關係，不存在任何人身依附關係。既然秘書與上司只是一種工作關係，那秘書就必須首先忠誠於自己所在的企業，優先考慮公司利益，而不是與上司之間個人的關係。

職業秘書必須堅持自己的職業操守，如實向主管彙報自己知道的事情，既不添油加醋，也不掐頭去尾，這既是做秘書的天職，也是做人的道德底線。

二、積極處理與其他部門的關係，使得賈母無後顧之憂

鴛鴦一方面料理著賈母個人的各項事務，使得老闆一天都離不開她；另一方面又積極處理與其他部門關係，使得賈母無後顧之憂。

鴛鴦在保護自己的同時，對別人也很善良

所謂僕以主貴，賈母乃是府中至尊至貴的頭號人物，故而鴛鴦的身分也比一般的主子還要高，連賈璉、鳳姐見了她也是要陪笑的。

《紅樓夢》中寫有體面的大丫頭耀武揚威的段落不少，迎春的丫頭司棋為了一碗

雞蛋就跑到廚房裡大打出手，是其中的代表。管廚房的主管柳家的抱怨：「我倒別伺候頭層主子，只預備你們二層主子了。」後來司棋被趕，周瑞家的趁機道：「你如今不是副小姐了，若不聽話，我就打得你。別想著往日姑娘護著，任你們作耗。」可是位重權高，地位身分都比司棋高很多的鴛鴦卻從沒有仗勢欺人過。

正如李紈所說：「老太太屋裡，要沒那個鴛鴦如何使得？從太太起，哪一個敢駁老太太的話？從王夫人開始，就沒一個人敢。偏老太太只聽她一個人的話，老太太那些穿戴的別人不記得，她都記得。要不是她經管著，不知叫人誆騙了多少去呢！那孩子心也公道，雖然這樣，倒常替人說好話，還倒不依勢欺人的。」鴛鴦為人很公道，心地善良，辦事公正，所以深受賈府上下的敬愛。

劉姥姥二進大觀園的時候，為了讓賈母高興，鴛鴦讓劉姥姥扮演一個喜劇角色。但是她絲毫沒有嘲弄的意思，而是提前跟劉姥姥說好了。事後，她又特意給劉姥姥賠了不是。

劉姥姥臨走時，鴛鴦代賈母送客。她知道劉姥姥家裡拮据，早已給劉姥姥準備了不少東西。先是將賈母從未穿過的衣服裡選了幾件，還專門給劉姥姥解釋：「這幾件衣服都是往年間生日節下眾人孝敬的，老太太從不穿人家做的，收著也可惜，卻是一次也沒穿過的。」另外準備了劉姥姥要的麵果子，把劉姥姥要的藥都按方子分別包好。

對那些一起長大的姐妹，她是能照看的都照看著。鴛鴦無意撞見司棋和他表兄的私情，在封建禮教非常嚴酷的社會，在賈府這樣的大貴族家庭，丫環跟僕人如果發生了這樣一種事情，是違反禮教的，是敗壞賈府名聲的。在這種情況下，丫頭、僕人、小廝就是被打死，官府也是不究的。如果事情洩露出去，司棋必將被趕出府去。善良的鴛鴦雖然不認同這種行為，但亦沒有聲張，保全了司棋的名節。

後來鴛鴦聞知那邊無故走了一個小廝，園內司棋又病重，要往外挪，心下料定是二人懼罪之故，「生怕我說出來，方嚇到這樣」。反過意不去，與司棋說：「我告訴一個人，立刻現死現報！你只管放心養病，別白糟踏了小命兒。」司棋一把拉住她，哭道：「我的姐姐，咱們從小兒耳鬢廝磨，你不曾拿我當外人待，我也不敢待慢了你。如今我雖一著走錯，你若果然不告訴一個人，你就是我的親娘一樣……」一面說，一面哭。鴛鴦又安慰了她一番，方出來。可惜鴛鴦的一番好心，終沒能保司棋平安，在後來的抄檢中，司棋因此離開了大觀園。

鴛鴦不但善良，在大事上也深明大義。賈府的經濟危機越來越嚴重，只是瞞著賈母。賈璉這個當家人窮於應付，借當借到鴛鴦這裡。才開了口，鴛鴦果然就幫了他，也許是體諒他的難處，也許是看鳳姐的面子，替老太太出個面，托一托難局，弄個外表的風風光光，讓大家太平度日。

對於王熙鳳，府裡的丫環是當著面一味的怕，背地裡一陣的罵，只有鴛鴦，通情達理，看到了鳳姐的難處。「他也可憐見兒的。雖然這幾年沒有在老太太，太太跟前有個錯縫兒，暗裡也不知得罪了多少人。總而言之，為人是難作的：若太老實了沒有個機變，公婆又嫌太老實了，家裡人也不怕，若有些機變，未免又治一經損一經。如今咱們家裡更好，新出來的這些底下奴字號的奶奶們，一個個心滿意足，都不知要怎麼樣才好，少有不得意，不是背地裡咬舌根，就是挑三窩四的……」寥寥數語把鳳姐這個頭上有三層公婆，中間有無數姊妹妯娌，底下有大群管家奴僕的賈府當家人當家做人的難處，剖析得滴水不漏。這足見鴛鴦對管理工作的難處非常瞭解，考慮周全。

面對誘惑要敢於拒絕

賈赦看上了鴛鴦，想把她要來做小妾，於是打發邢夫人向賈母討。按照邢夫人的想法，鴛鴦是一定同意的——

邢夫人道：「我心裡想著先悄悄的和鴛鴦說。他雖害臊，我細細的告訴了他，他自然不言語，就妥了。那時再和老太太說，老太太雖不依，擱不住他願意，常言『人去不中留』，自然這就妥了。」鳳姐兒笑道：「到底是太太有智謀，這是千妥萬妥的。別說是鴛鴦，憑他是誰，那一個不想巴高望上，不想出頭的？這半個主子不做，倒願意做個丫頭，將來配個小子就完了。」邢夫人笑道：「正是這個話了。別說鴛鴦，就是那些執事的大丫頭，誰不願意這樣呢。你先過去，別露一點風聲，我吃了晚飯就過來。」

按照常理，任何丫環，對翻身為主的誘惑都會毫不猶豫地答應，這是人之常情，本無可厚非。但是，越是在關鍵時刻，越是能看出一個人的品質，在這樣的誘惑面前，鴛鴦選擇了拒絕，敢於說「不」。

作為秘書，必須做到理性、忠誠、不慕榮華、自立自強、熱愛事業、熱愛崗位。鴛鴦是深沉內在、鋒芒內蓄、心思細密、剛直不阿的。因此，賈母很放心地把一切事務都交予她打理，使她逐漸成為賈氏公司最具權威的首席秘書。

但是，鴛鴦的拒絕卻引來了賈赦的忌恨。

面對過分的要求，如何拒絕，在某種程度上說，算得上是一門藝術。因此，我們不光要向鴛鴦學習她判斷問題的前瞻性，更要向她學習勇於拒絕的果敢。

那麼，我們如何運用拒絕呢？通常情況下，拒絕應當機立斷，不要含含糊糊，態度曖昧。別人求助於自己，且這個忙不能幫時，你就該當場明說。從語言技巧上說，拒絕有直接拒絕、婉言拒絕、沉默拒絕、回避拒絕等方式。直接拒絕，就是把拒絕的意思當場明講。婉言拒絕，就是用溫和曲折的語言來表達拒絕。沉默拒絕，就是在面對難以回答、很棘手的問題時，以靜制動，一言不發，靜觀其變。回避拒絕，就是避實就虛，不對對方說「是」，也不說「否」，轉而議論其他事情。遇上過分的要求或難答的問題時，你就可以使用這個方法。

鴛鴦拒絕當妾，其實就是經歷了以上的過程。現實中，想說「不」並不容易，需要意志和理性。當你面臨著同學聚會和加班的抉擇時，你選擇什麼？是選擇聚會還是選擇工作？有這樣一位員工，他選擇了聚會丟掉了本來不錯的飯碗。聚會和工作對你的生存來說哪個更重要？工作讓你生存和成長，而沒有多少意義的聚會會使你虛耗光陰。當生存都不能保證的時候，聚會還有什麼意義？有些人也許會覺得平時工作壓力大、很累，其實，這是件好事，它說明你很充實，你在進步；相反，當你沒有工作時，雖然輕鬆，但你會覺得自己被社會所拋棄，那種感覺絕對不好受，對自己的發展也極爲不利。

襲人：賈府中最敬業的秘書

襲人不僅僅是寶玉的秘書，還是寶玉的未來姨娘，也是第一個與寶玉初試雲雨的人，算得上賈寶玉切實意義上的第一個女人。也因此，襲人對待賈寶玉，不單單是把他當做主子，還把他當做自己的丈夫，她希望賈寶玉能安心讀書，考取功名走上仕途，自己也好夫榮妻耀。也因此，大小事上，她比別人都要盡心，不但照顧賈寶玉的飲食起居，還督促他努力讀書，收心養性。也正因此，襲人算是賈府中最敬業的秘書。

一、秘書的第一步：做好日常瑣事

當個秘書，容易；做個稱職的好秘書，很難。秘書工作最考驗人，也最鍛煉人。只有那些肯於經受磨煉、認真做事的人，才會做出成績，不斷升職。

現代秘書的日常瑣事主要是接聽電話、收發郵件、整理資料。在賈府這個大職場中，秘書的日常瑣事是照顧主子的飲食起居。

賈寶玉穿衣服、洗頭洗臉基本都是襲人服侍，被視為賈寶玉命根子的那塊玉，襲人每夜都要摘下，用手帕包了，仔細放好。每天晚上，襲人都要等寶玉，若回來的晚了，還要倚門盼望，或讓小丫頭去找。對寶玉的安全問題她比誰都上心。

除了這些，寶玉身上的衣服也多出自襲人之手，書中多次寫襲人在做針線活，而這活多到她需要寶釵、史湘雲來幫她。

有一回，大中午的，薛寶釵來看賈寶玉，正值夏天，外間的丫環都睡著了。來到裡間，寶玉在床上睡著了，襲人坐在身旁，手裡做針線，旁邊放著一柄白犀麈。寶釵悄悄地笑道：「你也過於小心了，這個屋裡那裡還有蒼蠅蚊子，還拿蠅帚子幹什麼？」襲人給寶釵解釋：「姑娘不知道，雖然沒有蒼蠅蚊子，誰知有一種小蟲子，從這紗眼裡鑽進來，人也看不見，只睡著了，咬一口，就像螞蟻夾的。」可見襲人照顧寶玉是多麼的細緻入微。大夏天的，怡紅院又近水，連個蒼蠅蚊子都沒有。在那個沒有電蚊拍、沒有殺蟲劑、沒有電蚊香的年代，襲人連人眼看不到的小蟲也防著，確實敬業。

接下來，薛寶釵又瞧了襲人手裡的針線，原來是個白綾紅裡的兜肚，上面紮著鴛鴦戲蓮的花樣，紅蓮綠葉，五色鴛鴦。寶釵誇獎道：「噯喲，好鮮亮活計！這是誰的，也值的費這麼大工夫？」襲人說是寶玉的，還跟她解釋：「他原是不帶，所以特特的做的好了，叫他看見由不得不帶。如今天氣熱，睡覺都不留神，哄他帶上了，便是夜裡縱蓋不嚴些兒，也就不怕了。你說這一個就用了工夫，還沒看見他身上現帶的那一個呢。」襲人也是聰明，知道寶釵的心思，一邊表明自己對寶玉的照顧入微，一邊也含蓄地誇耀了自己的手工。寶釵隨後也誇她：「也虧你奈煩。」

自己兢兢業業做了這麼多工作，如果沒人知道，那不是白辛苦？工作應該讓老板認可，尤其是，襲人已經明瞭寶釵對賈寶玉的心意，也明白王夫人的打算，既然薛寶釵以後可能是自己的主管，那自己能幹又敬業的一面一定要讓她看到。

二、維護上司的面子，站在上司的角度看問題

書中襲人第一次出現，是寫她有癡處，服侍賈母時，心中只有賈母，現在服侍寶玉，心中眼中又只有一個寶玉。雖然凡事以寶玉為先，但她卻沒有迎合寶玉的好惡，而是牢牢把握當時的「主旋律」，勸誡寶玉留意經濟文章，改掉不合時宜的毛病。但因寶玉性情乖僻，規諫總不見效，有時還引得老板不喜歡，所以她只能小心說話，用哄的辦法。

如果秘書只知道埋頭苦幹，缺乏大局意識，在上司眼裡便是缺少靈氣的人，難以重用，只適合打雜。

秘書在腳踏實地工作的同時，不能安於現狀，還要學會利用自己的職位優勢，突破本職工作的束縛，開闊自己的視野，從整個公司營運的角度來觀察問題，像上司一樣思考問題。只有這樣的秘書才能想上司所想，急上司所急，把一些工作做在前頭，讓上司把他當成自己的助手。

襲人就是站在老板的角度考慮問題，她出於對上司賈寶玉前途的著想，希望賈寶玉多讀書，不要把時間都花在和女孩玩鬧上。賈寶玉因為荒廢學業被父親賈政教訓了一通，王夫人命人去怡紅院找個丫頭來問話。襲人想了一想，命眾人好好服侍，自己來見王夫人。她對王夫人說：「論理，我們二爺也須得老爺教訓兩頓，若老爺再不管，將來不知做出什麼事情來呢。」她不僅向大老板表示了自己對頂頭上司前途的關心，還出了主意，說了一篇「男女之分」的大道理，口口聲聲說「如今二爺也大了，裡頭姑娘們也大了……日夜一處起坐不方便，由不得叫人懸心……他又偏好在我們隊裡鬧，倘或不防，前後錯了一點半點，不論真假，人多口雜，那起小人的嘴有什麼避諱？」不但關心，還能提出想法和可行性建議，王夫人當然為自己兒子能有這麼明理的秘書高興了。

襲人在寶玉面前如此周到，但還是受了委屈。一次，寶玉叫門不開，窩了一肚子氣，門一開，賭氣一腳踢了上去，之後才發現是襲人，寶玉急忙上來安撫。這一腳踢得確實不輕，當晚襲人就吐了血。可是當時她還硬撐著說：「沒有踢著。還不換衣裳去。」隨後襲人一面忍痛換衣裳，一面寬慰寶玉，給寶玉找藉口：「我是個起頭兒的人，不論事大事小事好事歹，自然也該從我起。但只是別說打了我，明兒順了手也打起別人來。」不但不埋怨寶玉，反而勸他不可聲張，以免驚動別人。她設身處地的為寶玉著想，站在他人的位置上思考，真切地感受著別人的痛苦和困惑。

襲人既考慮寶玉前途，又維護寶玉面子，寧願自己受委屈，也不想上司受責難，也難怪王夫人等更看重襲人。

平兒：職場萬能膠

若論《紅樓夢》的職場情商，在丫環裡面，上等人物，當屬平兒。

平兒的處境其實極艱難，上有王熙鳳那樣的母老虎上司，下有爭風吃醋、虎視眈眈的奴僕們，但她卻能讓上上下下都說好。在王熙鳳面前，她是忠心耿耿的奴才，沒有一點小妾的爭寵，這在很大程度上打消了王熙鳳的戒心，穩住了這個實力派上司的心；在舊日姐妹們面前，她照樣是那個很貼心的平兒，時不時地照應著大家，身分變了心不變。兩邊都繼續拿她當親人，這是在職場中最難拿捏的，所以平兒當屬典範。

一、配合默契，做好上司的左膀右臂

李紈說：「有個唐僧取經，就有個白馬來馱他……有個鳳丫頭，就有個你。你就是你奶奶的一把總鑰匙……」一語點中了平兒的重要性。

王熙鳳剛愎自用，做事情急功近利，得罪的人也最多。多虧了平兒在身邊時常提點，私下幫她化解了各種矛盾。

王熙鳳跟秦可卿關係很好，秦可卿的弟弟秦鐘有一天到賈府來玩，王熙鳳很開心，兩人在一起又是聊天又是吃吃喝喝，但是王熙鳳百密一疏，秦鐘走的時候，她竟然忘了送他禮品，沒想到走到大門口，平兒提著大包小包過來了，說，這是鳳姐送你的禮品。

平兒這個縫補得多好：想人之所想，急人之所急。哪個上司不希望自己的下屬能夠和自己心意相通呢？

不僅如此，平兒還心思細膩，有時候上司王熙鳳沒搞明白的事情還需要她來提醒。

寶玉因為跟金釧兒開玩笑，王夫人一巴掌把金釧兒打得跳了井。之後王熙鳳發現了一件怪事，她每天在家裡坐著或者到公司去巡視，總是有人給她陪笑臉，給她塞東西。王熙鳳那麼聰明的人，一下子沒明白過來，她就問平兒：我平時跟他們關係很差的，他們怎麼見我都笑開了花。平兒就一笑，說，你忘了，那個金釧兒不是跳井死了，王夫人身邊現在工作空缺，她們是要來推薦人，要來補這個缺的。鳳姐一聽恍然大悟。

秘書的含金量在於能擔當上司的左膀右臂，所以沒有職場功夫是不行的。關鍵時刻，能給上司出主意，能挺身而出的秘書才會被上司視爲「自己人」，是上司最信任的人。

由於企業生存環境的變化速度越來越快，許多企業積累的知識、技術、經驗，甚至營運模式新陳代謝的頻率也越來越高。不僅如此，員工的價值觀念也在與時俱進，這給企業的管理帶來了新的挑戰。因此，許多企業在根據這種變化而不斷調整自己的經營目標和方式。因爲只有適應這種變化，企業才能立於不敗之地。比如，過去一些企業領導人推崇等級森嚴、軍事化或半軍事化的管理，現在有些企業開始變得人性化。而企業對員工的要求也越來越高。這種要求不只局限於工作能力，還包括主人翁意識、創新力等。對於企業領導人來說，他們對自己的助手——秘書的情商要求也是越來越高。

秘書情商提高的過程，實際上也是一個提高企業競爭力的過程。如果秘書的情商得到了提高，那他就能與上司和諧相處，在工作中形成默契，使雙方的工作相得益彰：他會自然而然地養成多角度看問題的習慣，不再拘泥於自己已有的經驗，將創新當做一種習慣；由於秘書情商的提高，企業領導人的決策水準會相應提高，企業適應環境變化的能力也隨之提高了。

二、隨機應變，隨時準備為上司「滅火」

「鳳丫頭就是楚霸王，也得這兩隻膀子好舉千斤鼎，他不是這丫頭，就得這麼周到了！」李紈的評語，並不誇張，平兒對鳳姐，不僅赤膽忠心，且能與其配合默契。在待人接物、行權處事諸方面，不待鳳姐出口授意，平兒便能掂掇輕重、知所進退。

平兒知道鳳姐與秦可卿素日親密，便作主給秦可卿之弟秦鐘備了格外豐厚的見面禮；她深悉鳳姐與賈璉同床異夢、私攢體己，當旺兒來送利銀之際，便巧妙地為鳳姐掩飾，不使賈璉察知；她明白探春理家，必先從鳳姐這裡開例作法，便竭誠支持探春改革，並委婉解說鳳姐在位不得不維持舊例的苦衷，使雙方都有臺階下，深得鳳姐讚許。凡此種種，均可見平兒確為鳳姐心腹之人。反過來說，偌大賈府，鳳姐能夠推心置腹與之訴衷曲、道煩難的，大概也唯有平兒一人而已。

王熙鳳生病的那段日子，王夫人讓探春、寶釵、李紈共同理事，但探春畢竟年輕，總有思慮不周的地方，於是平兒經常在暗地裡協助。這一方面是為了不在府裡鬧出什麼岔子，另一方面，是因為她素知王熙鳳平日得罪人太多，這個時候探春掌握大權，如果有人趁機在探春那參王熙鳳一本，王熙鳳豈不難做。

有一天，寶玉的丫環秋紋前往回話，在門口遇見管家媳婦們，眾媳婦忙趕著問好，說：「姑娘也且歇一歇，裡頭擺飯呢。等撤下飯桌子，再回話去。」秋紋也大喇喇地笑道：「我比不得你們，我那裡等得。」說著便直要上廳去。那些媳婦們如此客氣，自然是看在寶玉面上；而秋紋如此張揚，是因為自視怡紅院的面子比別人大。

幸虧平兒叫住了她，叮囑說：「你憑有什麼事今兒都別回……正要找幾件利害事與有體面的人開例作法子，鎮壓與眾人作榜樣呢。何苦你們先來碰在這釘子上。你這一去說了，他們若拿你們也作一二件榜樣，又礙著老太太、太太；若不拿著你們作一二件，人家又說偏一個向一個，仗著老太太、太太威勢的就怕，也不敢動，只拿著軟的作鼻子頭。你聽聽罷，二奶奶的事，他還要駁兩件，才壓的眾人口聲呢。」

這各方面，考慮得何其周到，不但猜測出探春、寶釵的心理，且顧到了老太太、太太的面子，又想及眾人的口聲。沒有幾年中層管理的經驗，沒有一番斡旋決策的本領，絕不會這般明智婉轉。

探春掌權期間，她母親還來鬧過一次，探春作為庶出，本就委屈，性情又高，好不容易有一次施展才華的機會，偏偏自己的老媽不爭氣，跑來鬧，正覺得沒臉呢，平兒及時過來，幫她化解了難堪。後來，她又出來推心置腹地勸誡眾家僕：「你們太鬧的不像了。他是個姑娘家，不肯發威動怒，這是他尊重，你們就藐視欺負他。果然招他動了大氣，不過說他個粗糙就完了，你們就現吃不了的虧。他撒個嬌兒，太太也得讓他一二分，二奶奶也不敢怎樣。你們就這麼大膽子小看他，可是雞蛋往石頭上碰。」

這既是替探春警告諸人，也是在為眾人設身處地地著想，可謂苦心孤詣，只望大家無事。

優秀的秘書不僅要隨時爲上司撲火、滅火，還要在任何人面前維護上司的尊嚴，替他化解一些難堪。

探春改革，平兒總是先表示支持，接著又說出一番早就該改而未改的道理來，此舉於公是相信探春的能力能為大觀園興利除弊，於私，是為了轉移平日眾人對鳳姐的積怨。這引得寶釵過來摸平兒的臉笑道：「你張開嘴，我瞧瞧你的牙齒舌頭是什麼作的。從早起來到這會子，你說了這些話，一套一個樣子，也不奉承三姑娘，也沒見你說奶奶才短想不到，也並沒有三姑娘說一句，你就說一句是；橫豎三姑娘一套話出，你就有一套話進去；總是三姑娘想的到的，你奶奶也想到了，只是必有個不可辨的原故……他這遠愁近慮，不亢不卑，他奶奶便不是和咱們好，聽他這一番話，也必要自愧的變好了，不和也變和了。」

由此可以看出，要做一個好秘書，沒有隨機應變的本事是不行的。

「俏平兒軟語救賈璉」（二十一回）、「俏平兒情掩蝦須鐲」（五十二回）、「判冤決獄平兒行權」（六十一回），在這裡，不論是「救」、是「掩」、還是「行權」，都有一個共通點，就是為他人排難解圍，而且都是憑藉鳳姐的信任瞞哄鳳姐成全別人。在璉、鳳之間，平兒當然站在鳳姐一邊，但平兒全無鳳姐那股醋勁，從不挑妻窩夫、拈酸吃醋，對賈璉的外遇看得很淡。她之前順手藏過許多姑娘的頭髮，援救賈璉，之後居然化險為夷，免去一場醋海風波。

至於「蝦須鐲」和「玫瑰露」「茯苓霜」事件，都是發生在丫頭之中的竊案，而且都已察知了作案之人。平兒處理事情，不僅能弄清案情的來龍去脈，而且能慮及到當事和牽連的各方人物，能以體諒之心和寬容之道，縮小事態、化解矛盾。這決不是庸俗的和事佬，而是睿智的仲裁者。蝦須鐲是寶玉房中的小丫頭墜兒偷的，如果吵嚷出去，一則恐素日回護丫頭女兒的寶玉被人抓住把柄，二則怕襲人、麝月等寶玉房中的大丫頭面子難堪，三則尤恐爆炭一樣個性的晴雯病中添氣，發作出來。平兒思前慮後，決計不作公開處理，只私下知會麝月暗中防範，找個藉口把墜兒打發出去。這番設想被寶玉無意中聽得，深感平兒體貼周全之情。

「霜」、「露」事件更為複雜，牽動的面更廣。平兒查明底細，同寶玉等計議，準備瞞贓了結，但又不能糊塗了事，遂把王夫人房中的彩雲、玉釧兒叫來，說「不用慌，賊已有了」，「我心裡明知不是他偷的，可憐他害怕都承認。這裡寶二爺不過意，要替他認一半。我待要說出來，只是這做賊的素日又是和我要好的一個姐妹，窩主卻平常，裡面又傷著一個好人的體面，因此為難……若從此以後大家小心存體面，這便求寶二爺應了；若不然，我就回了二奶奶，別冤屈了好人」。

討好上司並不難，難的是對下屬也體貼照顧。成功的秘書決不是只把老板伺候得好，而是上下都能打通，成爲一座暢通無阻、堅固可靠的橋樑。

平兒有權，但不濫用權威，更不刻意樹立個人的權威。正因此，平兒在奴僕群中甚至主子之間樹立起了真正的威信。人們對平兒不像對鳳姐那樣畏多於敬，而是打心裡悅服的。小廝興兒的背後議論是最無矯飾的民意：「平姑娘爲人很好，雖然和奶奶一氣，他倒背著奶奶常作些個好事。小的們凡有了不是，奶奶是容不過的，只求求他去就完了。」

看看平兒這秘書做得多麼的不容易，但也正因爲她能處處周旋，既幫著鳳姐料理家事，又幫著賈璉隱瞞私情，能對下人體諒，才能在這複雜的關係中將大事化小。

紫鵑：最「貼心」的秘書

秘書要想更有效率地輔佐自己的上司，就要具備超強的識別能力，即俗話說的「眼力」。善於觀察的秘書總是能夠從同樣的事物中看到別人看不到的東西，從而做好萬全的準備。這樣，當上司需要什麼東西的時候，她便能夠立刻將這樣東西交到上司手中，這便是所謂的「眼力」。這種敏銳的職業嗅覺，是從觀察力開始的。

而《紅樓夢》中，最有「眼力」、最有「心力」的秘書要屬紫鵑。

一、聰慧敏銳，善於觀察

紫鵑原是賈母的二等小丫頭，叫鸚哥，因黛玉初入賈府只帶了兩個傭人，賈母怕照顧不周，因此將自己的丫頭給黛玉使喚。紫鵑雖為四大丫頭之一，但出場遠沒有鴛鴦、平兒及襲人頻繁，卻兼具了「襲人的柔順，晴雯的聰慧，鴛鴦的忠心，平兒的厚道」。對於寄人籬下的黛玉而言，紫鵑不僅是朝夕相處的傭人，更是閨蜜般的重要存在。

黛玉愛使小性兒，每每與寶玉嘔氣，紫鵑總是婉言相勸，她不是一味地袒護黛玉，而是從朋友的角度出發，真切地勸慰黛玉，呵護黛玉，不縱容、不奉承。

最重要的是，紫鵑知道黛玉的心思。紫鵑知道黛玉是女兒家，不能明說，於是就想盡辦法試探寶玉。第五十七回「慧紫鵑情辭試忙玉」把紫鵑的聰慧敏銳寫到極致，且看她是如何來試玉的：

紫鵑先是輕輕一點，「姑娘常常吩咐我們，不叫和你說笑。你近來瞧他遠著你還恐遠不及呢。」及至得知寶玉為她的話發呆哭泣，便又說出黛玉要回蘇州的話來，引得寶玉癡狂發作，驚動了合府上下，幾乎闖下大禍。待事情平息後，書上雖說：「紫鵑自那日也著實後悔」，實則一點後悔的跡象也沒有。不僅如此，她又進一步試探：「果真的你不依？只怕是口裡的話。你如今也大了，連親也定下了，過二三年再娶了親，你眼裡還有誰了？」直到寶玉咬牙切齒地說出：「我只願這會子立刻我死了，把心迸出來你們瞧見了……」得到想要的答案，她這才說道：「這原是我心裡著急，故來試你。」一句話，把所有的責任都攬到自己身上，不使黛玉落半點嫌疑。紫鵑一心幫著黛玉，寧願自己被責怪，難怪黛玉待她如姊妹。

寶玉是賈母的心頭肉，他的健康牽動著賈府每一個人的心，紫鵑哪有不知道的？她如此試探寶玉，倘若寶玉有個三長兩短，紫鵑的命運如何是可以預見的。可是紫鵑明知如此，還是冒大不韙，對寶玉一試再試，逼著他在眾人面前表明心跡，寶玉這一病，無異於公開發表了一份愛情宣言。紫鵑這樣做，皆是為了林黛玉，她知道林黛玉素日的眼淚、素日的多心都是因為心裡裝著寶玉，可是自己父母雙亡，連個能做主的人都沒有，只能每日黯然傷感，默默垂淚。紫鵑試出寶玉的真心，是為了給黛玉一顆定心丸，讓她不要再為了這件事情煩心。

最讓人感動的是自怡紅院陪伴寶玉歸來後，紫鵑與黛玉的一席談話：

「……我倒是一片真心為姑娘。替你愁了這幾年了，無父母無兄弟，誰是知疼著熱的人？趁早兒老太太還明白硬朗的時節，作定了大事要緊。俗語說『老健春寒秋後熱』，倘或老太太一時有個好歹，那時雖也完事，只怕耽誤了時光，還不得趁心如意呢。公子王孫雖多，哪一個不是三房五妾，今兒朝東，明兒朝西？要一個天仙來，也不過三夜五夕，也丟在脖子後頭了，甚至於為妾為丫頭反目成仇的。若娘家有人有勢的還好些，若是姑娘這樣的人，有老太太一日還好一日，若沒了老太太，也只是憑人去欺負了。所以說，拿主意要緊。姑娘是個明白人，豈不聞俗語說：『萬兩黃金容易得，知心一個也難求』。」

TIPS 如何成為上司離不開的好秘書

作為剛剛入職的小秘書，你要從小事做起，多觀察，多留心，快速成長，終有一天，老闆會意識到你的重要性。

作為秘書，你要留心觀察，循序漸進。要瞭解上司和上司的工作，只能循序漸進，慢慢地、細心地去觀察和瞭解上司。

例如，他每天見了哪些人，打了哪些電話，批了哪些文件；他在約見客人時，先後順序的安排，談話時間的長短，說話的口氣，關注的問題等。

通過這種日常觀察，秘書可以逐步瞭解上司，知道他內心在想些什麼，例如，他目前最關心哪些問題，哪些問題最讓他頭痛，他有哪些專案急於實現，他正在籌畫什麼項目或行動。

如果秘書能真正瞭解上司在想些什麼，那麼他也就基本把握了自己的工作重點：在上司想要資料的時候，你已經準備好了；在他想要見什麼人的時候，你已經把對方的電話號碼找出來了；在他想要杯咖啡的時候，你已經把咖啡沖好了……這樣，即使上司的指示是含糊的甚至只是一個手勢或一個眼神，你也能猜得八九不離十。如果秘書與上司能在工作中配合默契，就能讓自己與上司的工作相得益彰。

二、紫鵑對黛玉的閨蜜支持

人們通常習慣於將寶、黛當作大觀園內的知己者，因為兩人在精神生活上高度一致，又都有著不容於世的個性、懷著對仕途經濟之道的深重厭惡，而嚮往著單純美好的世界，因而心靈共鳴引為知己。但事實上，黛玉的知己不僅僅只有一個寶玉，還有她身邊如影隨形的紫鵑。

如果說，癡襲人的眼中只得一個寶玉，那麼紫鵑的心裡也只有一個黛玉而已。甚至於，紫鵑對於黛玉之心比寶玉更深重，涉及到了黛玉的各方面，乃至靈魂至深處。

紫鵑首先關心的是黛玉的身體健康。讀過《紅樓夢》的都知道，黛玉有不足之症，是個藥罐子，「從會吃飯時便吃藥」，紫鵑自然特別留心黛玉的健康。

《紅樓夢》第八回，寶玉與黛玉在薛姨媽處喝茶吃果子，可巧黛玉的丫環雪雁走來給黛玉送小手爐，黛玉因含笑問她說：「誰叫你送來的？難為他費心。那裡就冷死了我！」雪雁道：「紫鵑姐姐怕姑娘冷，使我送來的。」需知雪雁是黛玉從自家帶來的，而紫鵑才與黛玉相處不久，可見紫鵑對黛玉比雪雁更上心，更關注體貼黛玉。

《紅樓夢》第六十四回，黛玉在瀟湘館祭奠自己的父母，寶玉見黛玉病體懨懨，勸她凡事寬解，黛玉心有所感，本來素昔愛哭，此時亦不免無言對泣。紫鵑端茶過來，以為兩人發生了口角，就說道：「姑娘身上才好些，寶二爺又來嘔氣了。到底是怎麼樣？」從紫鵑的口氣看，她是惱怒寶玉的，寶二爺可是賈府人人寵著的混世魔王，何曾被人口氣不善地數落過，也就紫鵑護黛玉心切，敢如此直言質問。

《紅樓夢》第七十六回，黛玉與湘雲、妙玉一起去櫳翠庵聯詩，紫鵑擔憂，與雪雁一路詢問過去，一個園子走遍了，一番好找，才總算找到了黛玉，放了心。紫鵑不僅關心黛玉，也希冀黛玉的病能好起來。第七十回，眾人提議放風箏，帶走晦氣，讓病快好起來，黛玉捨不得放走風箏，紫鵑便自告奮勇地鉸斷了黛玉手中的風箏線，笑道：「這一去把病根兒可都帶了去了。」可見紫鵑真的是打心底裡期盼黛玉健康。

其次，紫鵑也非常擔憂黛玉的思鄉之情。黛玉性情高傲，但是不得不寄人籬下，這讓她不得快活，變得多愁善感。

《紅樓夢》第二十七回，紫鵑常見黛玉無事悶坐，不是愁眉，便是長嘆，好端端淚流不止。紫鵑怕她思父母，想家鄉，受委屈，便用話來寬慰，誰知道黛玉一如既往，紫鵑也只能由她而去了。《紅樓夢》第三十五回，黛玉見到寶釵母女的親密樣，想起有父母的好處來，又淚珠滿面，紫鵑見了，就從後面提醒黛玉該吃藥了，以此來分散黛玉的注意力，化解她的傷心。

《紅樓夢》第六十七回，黛玉看見她家鄉之物，觸物傷情，想起自己父母雙亡而寄居親戚家中，不覺又傷起心來了。紫鵑深知黛玉心腸，也不敢說破，只在一旁勸道：「……今兒寶姑娘送來的這些東西，可見寶姑娘素日看得姑娘很重，姑娘看著該喜歡才是，為什麼反倒傷起心來……再者這裡老太太們為姑娘的病體，千方百計請好大夫配藥診治，也為是姑娘的病好。這如今才好些，又這樣哭哭啼啼，豈不是自己遭踏了自己身子，叫老太太看著添了愁煩了麼？況且姑娘這病，原是素日憂慮過度，傷了血氣。姑娘的千金貴體，也別自己看輕了。」見寶玉來了，她更是連忙請寶玉進來寬解黛玉的思鄉之情。

再次，紫鵑也十分焦慮寶黛愛情的未來。寶黛之間的朦朧感情，賈母看得明白，直言兩人是小冤家，折騰不休，身為黛玉貼身丫頭的紫鵑自然也是知道黛玉的心思的，因而替黛玉著急。

《紅樓夢》第五十七回，紫鵑為了試探寶玉對黛玉的感情，故意和寶玉說，林家人要接黛玉回蘇州去，讓寶玉將黛玉之前送的東西打點好要回來。寶玉聽了，便如頭頂上響了一個焦雷一般，之後更是發起癡來，紫鵑挨了賈母王夫人的痛罵，先安撫了寶玉。寶玉得知真相後，紫鵑終是得了寶玉「活著，咱們一處活著；不活著，咱們一處化灰、化煙」的承諾。紫鵑也勸解黛玉，趁老太太還在，作定了大事要緊，免得憐新棄舊讓人欺負去了。當薛姨媽開黛玉玩笑，要給寶黛說媒的時候，紫鵑急得忙跑來笑道：「姨太太既有這主意，為什麼不和老太太說去？」紫鵑對於黛玉未來的焦急可想而知。《紅樓夢》第七十回，紫鵑替黛玉傳遞給寶玉寫的抄書，算是送了黛玉一片難以言表的心，喜的寶玉給紫鵑作了一個揖。

如果前面三件事都是紫鵑身為丫頭對黛玉的關心，那麼紫鵑敢於直言黛玉之過，可謂是丫頭裡絕無僅有的。讀過《紅樓夢》的都知道，黛玉嬌氣孤傲，沒人敢說她什麼，更不用說直言批評了，但紫鵑敢，能說的黛玉沒了脾氣。

《紅樓夢》第二十九回，寶、黛鬧彆扭了，紫鵑道：「雖然生氣，姑娘到底也該保重著些。才吃了藥好些，這會子因和寶二爺拌嘴，又吐出來。倘或犯了病，寶二爺怎麼過的去呢？」這話既體貼了寶玉，又點出寶玉的愛惜之心，讓心繫寶玉的黛玉有了莫大的安慰，可謂是一舉兩得。第三十回，林黛玉與寶玉口角後，也後悔，但又無去就他之理，紫鵑度其意，乃勸道：「若論前日之事，竟是姑娘太浮躁了些。別人不知寶玉那脾氣，難道咱們也不知道的。為那玉也不是鬧了一遭兩遭了。」黛玉啐道：「你倒來替人派我的不是。我怎麼浮躁了？」紫鵑笑道：「好好的，為什麼又剪了那穗子？豈不是寶玉只有三分不是，姑娘倒有七分不是。我看他素日在姑娘身上就好，皆因姑娘小性兒，常要歪派他，才這麼樣。」

紫鵑這話，既說出黛玉為寶玉的知己，寬了黛玉的心，又指出黛玉的不足之處，有理有據，而黛玉本來就後悔鬧小性子，被紫鵑這麼一說，更是無言以對。但寶玉來了，她還是嘴硬地不肯開門，紫鵑笑道：「姑娘又不是了。這麼熱天毒日頭地下，曬壞了他如何使得呢！」這句話說得讓心繫寶玉的黛玉於心不忍，只能默認紫鵑的做法，讓寶玉進來，終於兩人冰釋前嫌。

總之，紫鵑對黛玉真是用心良苦，盡其所能，主婢倆可謂「黛玉還淚，紫鵑啼血」。人說晴雯為黛玉之影，有著黛玉般的清高皎潔、聰慧靈敏，但紫鵑更承載了黛玉的孤寂和傷痛。可惜的是，紫鵑本是丫頭命，「一片熱腸，為知己愁，不能為知己助」，「新交情重，不忍效襲人之生；故主深恩，不敢作鴛鴦之死」，因而她最終選擇的是出家修行，或許因看破俗世，或許是為黛玉祈福積德，終是對黛玉仁至義盡。

紫鵑的閨蜜支持對黛玉健康的作用

紫鵑把她的一生獻給了瀟湘館和黛玉，連她自己也說：「我並不是林家的人，我也和襲人、鴛鴦是一夥的。偏把我給了林姑娘使，偏偏他又和我極好，比他蘇州帶來的還好十倍，一時一刻，我們兩個離不開。」紫鵑雖為黛玉的丫環，實則是黛玉平生難得的知己，知黛玉之冷暖，曉黛玉之心事，有友如此，也是林妹妹此生中的一大幸事。

友情貫穿了人的一生，心理學研究表明，友情可以給人們帶來良好的情緒及情感體驗，如彼此的信任、情感的依賴、內心世界的分享、相互的關照等等，也可給人們帶來負面的體驗，如朋友的疏離甚至背叛。心理學家賽爾門指出，人從幼年到成年，對友情的看法經歷了從短暫性、活動取向的交往到自主而又相互依存的轉變，其中朋友間的親密關係、嫉妒、信任、衝突解決及友情中止等，對人的人格成長起重要推動作用。此外，友情還是一個人社會支援系統的支撐，給人以自信和安全感。缺乏友誼的人很容易產生情緒抑鬱。

賈府雖是黛玉親外婆家，卻是侯門似海，規矩頗多，黛玉「步步留心，時時在意」，為的是「不多說一句話，不多行一步路，恐被人恥笑了去」，可以說，黛玉初到賈府很是焦慮不安的。而紫鵑的到來，給了黛玉融入賈府的精神依託，為她化解了許多原來不必有的焦慮和不安全感。

紫鵑為人細膩，待人忠誠，多次為黛玉仗義直言，令黛玉備受感動。《紅樓夢》第八回，雪雁幫紫鵑給黛玉送小手爐兒，黛玉還打趣雪雁：「也虧了你倒聽他的話！我平日和你說的，全當耳旁風，怎麼他說了你就依，比聖旨還快些！」可見她們主僕之間關係融洽自然，黛玉在自己的小天地中生活得很快樂。

《紅樓夢》五十七回，紫鵑對自己的未來有些憂慮，她對寶玉坦言：「我如今心裡卻愁他倘或要去了，我必要跟了他去的。我是闔家在這裡，我若不去，辜負了我們素日的情常；若去，又棄了本家。」可見黛玉對紫鵑而言也是異常重要的存在，甚至與本家不相上下，可謂是姐妹情深，因而黛玉與紫鵑是相互依賴的存在，紫鵑對黛玉的依賴和不捨能夠很好的滿足黛玉的被需求感，減少黛玉的孤獨和寂寞。

除了提供安全感，友情還給人以自我價值感和被需要感。美國著名心理學家格拉澤曾言，「愛與被愛，是人們兩種最基本的心理需求」。因此，人都有被他人認可及肯定的需求。黛玉寄人籬下而心生自卑，她比那些出自健全家庭的人更期待他人的認可和關懷，這也是她經常與寶玉鬧小彆扭的根源。紫鵑對黛玉忠心耿耿，不離不棄，使黛玉肯定了自我的價值，獲得了被需求感的滿足。

《紅樓夢》第七十九回，寶玉將詩改成「茜紗窗下，小姐多情；黃土壟中，丫鬟薄命」，黛玉笑道：「他又不是我的丫頭，何用作此話。況且『小姐』『丫鬟』，亦不典雅。等我的紫鵑死了，我再如此說，還不算遲。」黛玉話雖如此，內心其實是非常捨不得紫鵑的，這話也能看出她對於紫鵑不是自家丫頭之事的可惜。

最後，友誼還是矛盾緩衝的潤滑劑。友誼的一大作用是在發生衝突時，起到提點的作用。紫鵑在寶、黛關係中就扮演了這樣一個角色。如賈母所言，寶、黛兩個是「小冤家」，時常鬧彆扭，彆扭起來就一副老死不相往來的樣子。在心理學中，適當的衝突可以強化彼此的溝通，但當人們在情緒激烈而固守己見時，友誼可以起到緩解衝突、冷靜頭腦的作用。

《紅樓夢》第二十六回，寶玉笑道：「紫鵑，把你們的好茶倒碗我吃。」紫鵑道：「那裡有好的呢？要好的只是等襲人來。」黛玉道：「別理他。你先給我舀水去罷。」紫鵑笑道：「他是客，自然先倒了茶來再舀水去。」說著，倒茶去了。紫鵑的這番恰在禮儀的言行，化解了黛玉鬧彆扭的尷尬，也給寶玉留了面子，解了兩人的小矛盾，可謂是調節高手。

《紅樓夢》第六十七回，黛玉思鄉之情深切而紫鵑勸解無效時，恰逢寶玉過來，寶玉見黛玉淚痕滿面，便問：「妹妹，又是誰氣著你了？」黛玉勉強笑道：「誰生什麼氣。」旁邊紫鵑將嘴向床後桌上一努。寶玉會意，往那裡一瞧，見堆著許多東西，就知道是寶釵送來的，便取笑說道：「那裡這些東西？不是妹妹要開雜貨鋪啊？」黛玉也不答言。紫鵑笑著道：「二爺還提東西呢。因寶姑娘送了些東西來，姑娘一看，就傷起心來了。我正在這裡勸解，恰好二爺來的很巧，替我們勸勸。」黛玉耍性子不肯說，紫鵑就替她說，撮合了寶、黛之間的關係，使得兩人更心靈相通。

諸聯有言：「園中諸女，皆有如花之貌。即以花爲論，黛玉如蘭，紫鵑如臘梅。」蘭花淡雅脫俗，臘梅錚錚鐵骨，都是超塵出世之類，可謂相得益彰。紫鵑身分低，於黛玉，比那些姊妹更容易親近，也不必心懷耿介和羨慕，而紫鵑的「大氣節」、「一片熱腸」、「終身不事二主」，對寄人籬下的黛玉而言更是難能可貴，這份超越主僕身分界限的友情，成了黛玉在賈府有力的精神支柱。

◆延伸閱讀◆

紅樓職場女上司

有統計說，在全球企業家中，女性所占比例已從二十世紀八〇年代的不到百分之十，上升到當前的百分之二十。在中國企業經理層中，女性比例已達到百分之四十二點一。

瞭解女上司，可以避免措手不及的遭遇戰。職場女上司的各種類型，你基本上可以在《紅樓夢》中找到。

★業務型女上司——代表人物林黛玉

黛玉專長突出，本人是業務人才，長於培養下屬，她教香菱學詩，既盡心，也對路。黛玉的全局觀也不差，她「雖不管事」，卻深知「出的多進的少，如今若不省儉，必致後手不接」。

黛玉不是真的情商低，問題是，她是個感性的人，對人對事的反應，比較情緒化，縱情任性，不太照顧周邊關係。

女上司感情用事的一面，在黛玉身上有相當集中的體現。作為上司，她的好和不好，都在這一點上。

★力量型女上司——代表人物王熙鳳、賈探春、夏金桂

王熙鳳、賈探春和夏金桂雖然良莠有別，但都是組織中的鐵腕人物，「按我的方式去做」是她們的不二法門。

王熙鳳的強硬不必細述，總之一句話「我說要行便行」，因果報應、地獄閻王一概不懼。賈探春小姑娘當家，雷厲風行，改革舊制，誰的面子都不給，人稱「鎮山太歲」，帶刺玫瑰。夏金桂太想控制一切了，一味整治、利用，對誰也不讓步，對誰都不手軟，四面樹敵，攪得雞犬不寧。

這種霸道和專權，在一定時間和範圍內是管用的。不過，這種作風的上司一旦失勢，下場會比誰都淒涼。因為她的人脈存摺裡，沒有一點真情。

★和平型女上司——代表人物：王夫人、尤氏、李紈、賈迎春

她們看上去性格隨和、平靜，不喜歡衝突，會讓你有時候忘記她是上司，這

是非常危險的。

《紅樓夢》裡，被用「木頭」形容過的，一是賈母說王夫人「木頭似的」，一是賈迎春的綽號「二木頭」。和平型的人，常常隱忍，隱忍的結果，可能是懦弱，也可能是分外固執。

王夫人在賈府上下的人緣、口碑都好，但這麼一個平日看似萬事不理的和平型上司，爆發起來，連老太太的面子都不給。她一急眼，先死一個金釧兒，後死一個晴雯。

親善，富有女性魅力，貌似繞指柔，實則百煉鋼，是她們真的根性。

★全能型女上司——代表人物：賈母、薛寶釵

她們崇尚美感和才智，女性的智慧和溫婉在她們身上水乳交融。她們思維縝密，有條不紊，很少一時衝動。她們體察入微，善解人意，內心深處，對人、對事不免有一種俯瞰的心態。

[第六章]

賈母：最幸福的女企業家

賈母是《紅樓夢》裡的「老祖宗」，也是賈府企業的最高領導者。在眾人的眼裡，她慈眉善目，甚少為公司的事情操心，經常相約大家看看戲，賞賞花，但賈家這個家族企業卻在她的管理下井井有條。

一個董事長如果當到賈母的地步，才叫出神入化——雖然她什麼都不管了，但又好像什麼都能管。她看似什麼都不做，每天不是玩就是樂，其實知人善用，很好地平衡著工作和生活。

曾有人給了她三句話的評價，說她是最快樂的老太太，最幸福的女人，最成功的企業家。

無為而治，快樂幸福做企業

在《紅樓夢》中，賈母出場不是玩就是樂，跟大家在一起樂呵呵的，沒見她具體要去做什麼事，而這正是她的成功。

老子的《道德經》裡有一段話，最適合賈母：「太上，不知有之；其次，親而譽之；其次，畏之；其次，侮之……功成事遂，百姓皆謂『我自然』。」這就是所謂的四重境界，翻譯成今天的職場定律就是：「最好的董事長是他當董事長時沒人知道他是誰。比較好的董事長，是他當董事長，大家願意跟他在一起，天天簇擁著他。第三類的董事長當得就不怎麼樣了，大家都躲著他，怕他。第四類董事長就很差了，他當董事長，大家到處罵他。」

做最高明的上司，讓部下感覺不到你的存在，無論你是在企業還是不在企業，員工都能積極、主動、自發地工作，就是管理的最高境界，管理一家企業，達到「太上，不知有之」的「虛無」境界，不僅是企業領導者孜孜以求的，更是企業員工所渴望的。

一、最輕鬆、最懂得享受的董事長

歷史上的無爲而治，以漢初的黃老之術最爲有名，蕭規曹隨，最終造就了文景之治。賈母的無爲而治，讓她成了最輕鬆、最懂得享受的董事長。

所謂無爲而治，實際上是決策層要有意弛緩組織行爲的張力。在層次上，這種無爲而治肯定是上層無爲而下層有爲。這一關係是不可顛倒的。一旦下層無爲而上層有爲，組織就進入了某種病態。

北宋的王安石變法，失敗原因有很多，但有一點不能忽視，就是變法的著眼點是增加國庫收益，老百姓得不到多少實惠。結果「剃頭挑子一頭熱」，執行中的阻力過大，扭曲過多，葬送了變法。

上下都有爲，雄心勃勃要幹一番大事業，有可能短期收到顯著成效，但老百姓就受不了。商鞅變法的成功，就是因爲上下一心，凝結成了巨大的力量。而秦王朝的快速覆滅，恰恰是這種全面有爲耗盡了民力。西漢的無爲而治，正是接受了秦朝的教訓而出現的。

對於當代的企業，弄清無爲而治的含義具有現實意義。

首先，積極性必須來自於下層。如果下層沒有積極性，處於無爲狀態，而上層心急火燎地要幹事業，多半要撞上南牆。

其次，不能上下全部有爲，如果上下「一心」有爲，沒有剎車和緩衝，那就有可能衝出軌道。

最後，一旦整個組織上下都信奉無爲而治，那麼，組織的生命力就會消失。

賈母身為四大家族之一的史家名門閨秀，雖不一定飽讀史書，但自幼耳濡目染，對治理家族公司有自己的認識。賈母在文中曾自稱自己年輕時比鳳姐「還來得呢」，可想，她年輕時管理家政很有才幹。

她對劉姥姥稱：「我不過是能吃口子就吃，能樂會子就樂的一個老廢物罷了。」這樣的話足見出其成竹在胸的底氣與久經沙場的氣魄。

作為頂層的主管，她所發揮的作用首先是震懾下層，平日裡幾乎不管事，但下面人都知道她的威嚴。這便是現代企業家所追求的境界，即不怒而威、不令而行。待自己年歲大了，新的領導人培養成了，她大膽提拔新人，不把權力緊緊抓在手裡，授權給家族企業更年輕的領導人。她看準王熙鳳的能幹潑辣，將大權交給她，讓其成為公司的執行CEO。自己則在幕後把握公司的大方向。

要達到無爲而治的局面不是一蹴而就的，它要經過兩個層次才能真正的做到。

第一層次是有所爲。

任何的組織在建立初期都要有所爲。有所爲的主要表現形式是制度，一個沒有制度或制度不能夠嚴格執行的組織，連管理都說不上，哪裡還有無爲而治，所以有所爲是無爲而治的基礎。

賈母看著整日享受生活，但賈府的組織架構是她一手搭建的，人事是她一手任命的。她現在的無爲是在她已經有所爲之後才大膽實施的。

第二個層次是有所爲、有所不爲。

作爲管理者有的事情是要做的，有的事情是不要做的。如果什麼事情都掌握在你的手裡，是很難把管理做好的，西漢開國功臣曹參就深知這一點。

西元前二〇九年，曹參跟隨劉邦在沛縣起兵反秦，身經百戰，屢建戰功。劉邦稱帝後，對有功之臣，論功行賞，曹參功居第二，封為平陽侯，僅次於蕭何。因曹參德高望重，劉邦請他去任齊王（劉邦的長子）的相國，由他來輔佐齊王治理齊國。曹參到齊國擔任相國時，齊國是一個擁有七十座城市的大封國。當時劉邦剛剛奪得天下，建立了漢朝，但是經過秦末戰亂以及四年的「楚漢戰爭」，社會經濟破敗凋敝，簡直就是一個爛攤子。對於這樣的局面，曹參召集當地的能吏來想辦法，大家提出了很多辦法，但都無從下手。

正當曹參發愁的時候，有人說膠西的蓋公有治國的才能，曹參便親自去拜訪。蓋公對曹參說：「只要上面的官府清靜，不生事，不擾民，那麼下面的老百姓生活自然就安定了。百姓安定後，社會經濟就能隨之得到恢復和發展，國家也就能治理好了。」曹參聽了他的話得到了很大的啟發，他制定了簡單可行的政策：不准官員去打擾百姓，嚴懲做壞事禍害百姓的官員，起用一批老成持重又愛護民力的官員。之後原來動盪不安的社會日趨穩定，百姓過上了比較安穩的太平日子。

漢惠帝二年（西元前一九三年），西漢丞相蕭何年老病危，惠帝親自去探視。惠帝估計蕭丞相的病好不了了，就問蕭何，將來誰可以代替他的丞相職位。蕭何推薦曹參。曹參到朝廷擔任漢丞相後，依然遵照治理齊國時的清靜無為的方針治國，要求丞相府的官員對蕭何所制定的政策法令，全部照章執行，不得隨意改動；對蕭何時所任用的官員，一個也不加以變動，原有官員各司其職。曹參對他們職權範圍內該處理的事情，從不加以干預。因此在朝廷丞相變動的關鍵時刻，沒有引起任何波動，朝中君臣和原來一樣相安無事，朝政井然有序。

曹參就是因為有些事情有所為，有些事情有所不為而取得了非凡的成就。清朝的乾隆皇帝對此有深刻的體會，有一次太子向他請教如何治國，他說：「不聾不瞎不配當家，有的事情要一抓到底，有的事情要放手讓別人去做。」

在現代管理中有所爲、有所不爲的管理方式也越來越被重視，如今管理者的大部分工作不是去控制員工而是去幫助員工，不是去做監工而是去做推手。

哈佛大學教授、全球領導力與變革大師約翰・科特說：「在變革時代，企業不論大小都應該既有管理又有領導，成功的關鍵是百分之七十五至百分之八十靠領導者，其餘百分之二十至百分之廿五靠管理，不能倒過來。」

管理就是有所爲，領導就是有所不爲。企業要通過有所爲、有所不爲，慢慢地靠近無爲而治的態勢，雖然它很難達到，但它是我們奮鬥的目標。現在很多企業給優秀員工股份就是想讓員工自動自發的做好工作，推廣企業文化價值觀也是同樣的道理。

二、無為而治的基礎——賈母的用人之道

對於職場的法則有一個很有意思的說法：一個人當了董事長，他是能做一道一加一小於一的算術題，還是能做一道一加一大於二的算術題?前面這個「一」指的是董事長本人，後面那個「一」指的是他的手下，相當於他的領導班子。一個董事長率領一個領導班子所產生的組合效應，是小於一還是大於二，是對這個董事長的一個考驗。

無爲不是不爲，而是上不爲下爲。選擇合適的領導班子，才是董事長要做的最重要的事情。這一點，賈母有她的選擇。

按理說，第一個候選人是她大兒子賈赦的太太邢夫人。《紅樓夢》裡描述她是賈赦之續弦。稟性愚弱，只知奉承賈赦，家中一應大小事務，俱由賈赦擺佈。出入銀錢，一經她手，便剋扣異常，婪取財貨。兒女奴僕，一人不靠，一言不聽，故甚不得人心。如果她當總經理，肯定不能號令全軍。賈母首先將她從候選名單中剔除。

另一個候選人是次子賈政的夫人——王夫人。王夫人乃京營節度使王子騰之妹，四大家族之一，出身比邢夫人高貴。她還有一女二子，大女兒元春貴為皇上的妃子，次子寶玉深得賈母疼愛。她在賈府的地位穩固，可以說是絕對的實權派，總經理的位置自然非她莫屬了。但是王夫人自從自己的長子賈珠英年早逝後就誠心向佛，她為人也比較嚴肅，並不是賈母喜歡的機靈型主管。權衡再三，賈母將王夫人任命為賈府這個大家族名義上的執事人，但是事情都交給了孫媳婦王熙鳳。王熙鳳是長子賈赦的兒媳婦，同時又是王夫人的侄女，這也算平衡兩個大董事的權力，不會讓兩大董事為此人事安排鬧出太大意見。這人員班子打好了，董事長的事情就基本上完成了一半。

打好了人員班子，幫助他們上路，是董事長真正可以做到無爲而治的基礎。

爲了培養王熙鳳這名「年輕幹部」，賈母多次在各種場合提攜她，樹立她的威信。

《紅樓夢》第五十一回裡，王熙鳳提出天氣轉冷，不如在大觀園裡再設一個廚房，省得女孩子們到園子外面吃飯，灌一肚子冷風。賈母立即表示讚賞，向眾人說：「今兒我才說這話，素日我不說，一則怕逞了鳳丫頭的臉，二則眾人不服。今日你們都在這裡，都是經過妯娌姑嫂的，還有他這樣想的到的沒有？」

還有第七十一回「嫌隙人有心生嫌隙，鴛鴦女無意遇鴛鴦」中，賈母過生日，王熙鳳要懲治兩個不曉事的老婆子。事情的起因是尤氏來給賈母慶生日，晚上事多，肚子餓了，想找點飯吃，尤氏的丫頭讓兩個婆子通報一聲。兩個婆子吃了酒，道：「扯你的臊！我們的事，傳不傳不與你相干……各家門，另家戶，你有本事，排場你們那邊人去。我們這邊，你們還早些呢！」

王熙鳳要懲治這兩個老婆子，偏巧其中一個老婆子和邢夫人的手下有親戚關係，邢夫人打出了賈母生日不宜處置下人的口實，要求王熙鳳放人。

賈母知道後，並不因邢夫人打著自己的招牌而站到她那邊，她道：「這才是鳳丫頭知禮處，難道為我的生日由著奴才們把一族中的主子都得罪了也不管罷。這是太太素日沒好氣，不敢發作，所以今兒拿著這個作法子，明是當著眾人給鳳兒沒臉罷了。」

除了這種鄭重其事的表揚和支持，她更贊同王熙鳳的一切提議，為她的所有笑話捧場，看似無心，實則有力地托起了王熙鳳這顆管理界「新星」。

其實不光是對鳳姐，賈府中有才能的人，賈母基本上都會重用，比方說鴛鴦。在對鴛鴦的提攜上，賈母體現了三個層次，第一個層次是善於識人，賈母在工作中發現，這是個金子，是個材料，所以在鴛鴦很小的時候，就帶著她，培養她。第二個層次，是信人，鴛鴦不管怎麼做工作，賈母永遠是一句話，便叫鴛鴦吩咐去了，也就是說，她隨便怎麼做，賈母永遠支持她。最重要的是第三個層次，善於幫人。鴛鴦碰到的最為難的事，就是賈母的大兒子要搶婚，這個時候，鴛鴦以她個人的力量是鬥不過賈赦的，怎麼辦呢?賈母挺身而出，保護了她的手下。

在封建社會等級森嚴的情況下，這老太太為了一個所謂的下人，把自己的兒子、媳婦給罵一頓，也挺不尋常的，難怪鴛鴦感恩戴德，對老太太忠心耿耿。所以賈母作為一個董事長，她真正是一個人性高手。

不僅如此，賈母還細心地給大觀園裡的幾位主要未來主管都配備了合適的秘書，她懂得，好的秘書是最好的左膀右臂，能很好地輔助各自的主管。襲人本是賈母之婢，賈母喜愛寶玉，恐寶玉之婢不中使，就將自己身邊心地純良的襲人安排給寶玉，以便更好地照顧寶玉的飲食起居。黛玉剛來到賈府，只帶來了兩個人，一個是自己的奶娘王嬤嬤，一個是十歲的小丫頭，名喚雪雁。賈母見雪雁甚小，王嬤嬤又極老，料黛玉皆不遂心，將自己身邊一個二等丫頭名喚鸚哥的與了黛玉。其他丫環、嬤嬤等人員配置都和迎春等人一般。

賈母喜熱鬧，愛享受，要讓百年賈府繼續繁榮下去，當然要注意後繼人才的培養。

不但二十一世紀最貴的是人才，任何時代，任何公司最重要的都是人才。從孫媳婦熬到自己有了孫媳婦的賈母當然清楚，賈府目前最欠缺的是人才。

她是賈府的董事長，王夫人是賈府的總經理，自己喜歡的王熙鳳只是一個代理副經理。誰都知道，王熙鳳目前的職位是暫時的，因為賈母最喜歡的是寶玉，而賈寶玉的生母王夫人更是一心向著寶玉。賈寶玉的未來媳婦才是賈府以後真正的女主人。

王夫人雖為賈母的兒媳婦，賈寶玉的生母，但顯然賈母並不喜歡她。賈母說她像塊木頭，顯然是覺得王夫人缺少才情，而王夫人的管理手段也跟寬懷為上的賈母背道而馳。兩個人的管理理念不同，自然矛盾也不少。

王夫人雖然一心向佛，可是她心並不善，甚至很惡，虛偽殘酷。丫環金釧兒和寶玉說了一句玩笑話，就被她一個巴掌「打得半邊臉火熱」，還被她攆了出去，致使金釧兒投井身亡。寶玉的丫環晴雯，只因生的美麗就被王夫人認為有勾引寶玉之嫌，在晴雯「病得四五日水米不曾沾牙」的情況下，硬把她「從炕上拉了下來」，攆出大觀園。王夫人向賈母回話時，卻說晴雯又懶又淘氣，且得了女兒癆，才把她送出大觀園的。因為小小的繡春囊事件，她就指使抄檢大觀園，結果害死司棋、潘又安，逼走入畫，趕走四兒，遣散芳官等十二個小戲子，「悲涼之霧，遍被華林」，青年一代遭到了巨大的摧殘，王夫人實是元凶！王夫人還非常主觀武斷。邢夫人把繡春囊交給她，她不調查，不研究，就一口咬定是鳳姐的。

王夫人的管理理念賈母不認同，所以榮國府下一個管理者賈母是要仔細選擇的。自打黛玉進入賈府，寶、黛二人的情誼賈母就看在眼裡。從關係遠近看，黛玉是自己的外孫女，而黛玉的母親賈敏是自己最喜歡的女兒。過去可沒有近親三代內不能結婚的法律。那時候講究親上加親，寶、黛二人的相戀正是親上加親的喜事。從樣貌看，《紅樓夢》中描述：林黛玉「兩彎似蹙非蹙罥煙眉，一雙似泣非泣含露目」，「態生兩靨之愁，嬌襲一身之病」，「淚光點點，嬌喘微微」，「閒靜時如姣花照水，行動處似弱柳扶風」，「心較比干多一竅，病如西子勝三分」。這若放在現在，那絕對也是女神般的人物了。

從出身看，林家四代為侯，到了林如海這一輩，雖然沒了侯位，但林如海是科甲出身，「雖係世祿之家，卻是書香之族」。這祖蔭和功名繫於如海一身，在那個時代便是強強聯合。五等爵位中，賈府從寧、榮二公開始，到寶玉這一輩是第四代，公只比侯高一等，因此可以說林府不見得比賈府差到哪裡。從家產看，雖然《紅樓夢》中並未交代林家的財產去向，只說賈璉去辦理了林如海的喪事，但林如海長期佔據巡鹽御史這個肥差，想來俸祿一定不少。林家又是四代侯位，祖上積攢下來的地產珠寶一定不少，關鍵是林家人丁不興旺，到林如海這裡是幾代單傳——這說明幾代都沒有分過家產，不像賈家那樣人員眾多，日常支出繁重。而林妹妹自幼飽讀詩書，才華在院子裡眾姐妹中也是拔尖的。

說起來，林黛玉最大的競爭對手薛寶釵的條件也不差，但賈母看好林黛玉最重要的一點是，她知道，賈寶玉心裡喜歡的是林黛玉。要想賈府穩定，最重要的是賈寶玉和未來妻子的關係和睦。若是兩人感情不睦，又何談家庭和諧呢？

賈母明知道王夫人喜歡薛寶釵，更傾向於薛寶釵做兒媳婦，但面對所謂的金玉良緣，她頂住壓力，不斷給寶玉、黛玉製造機會。試想，若沒有賈母的授意，怎可能讓黛玉、寶玉有如此多親近的機會，那個時候可是講究男女授受不親的封建時代。而賈母在言語裡也一再透露出對兩人情感的認可，稱兩人為冤家，連如孫猴般能猜透賈母心思的王熙鳳也經常打趣林黛玉「既吃了我家的茶為何還不嫁給我家」。王熙鳳能如此說，自然是深知賈母心思。

三、樹立賈府的企業文化，時刻維護公司品牌形象

企業領導者本人的素質是至關重要的管理基礎。古人說「內聖而外王」，企業領導者只有內心的精神力量非常強大，才可以統帥王者之師，行王者風範。如前面老子所言，「信不足焉，有不信焉。悠兮，其貴言」。領導者以自身的誠信贏得部下的信任和擁戴，部下就會樂於聽命於你，即使不發號施令，員工也樂意追隨你做事。也就是說，企業領導者要提升並善於運用「非權力性的影響力」。

管理的最高境界是無爲而治，無爲而治很大程度靠的是文化的滲透，當大家在企業需要的統一的文化準則下做事時，企業的運作將十分流暢。

賈母一直很注重自己個人形象，也非常注意賈府的企業文化。她深知，做一個好的領導人，不是整天去品評下屬不應該做什麼，而是用好的文化去影響大家，讓大家知道應該做什麼。

作為賈府的董事長，最重要的是維護整個家族的和諧，提升整個家族的生活品質。所以賈母對能提升下屬欣賞水準、知書達理等關於品行問題的活動都給以支持。

有一次賈母到大觀園去玩，別人跟她說：「我們戲班子那些小女孩，吹拉彈唱無所不能，給你演個節目。」賈母就說：「你不要在這兒表演，你呢，到遠處的那個藕

香榭。」

賈母是懂點美學的，因為美學裡說，距離產生美。從她的這種品味、追求上我們也可以看到，她是一個很懂得享受，知道自己身居高位之後，該去找點樂子的人。

不但如此，賈母還非常重視公司的品牌形象。劉姥姥到榮國府，跟賈母一起出去玩，但不好意思走在路的正當中，於是藉口說自己是鄉下人，走在邊上。但是那天路滑，劉姥姥摔了個跟頭。賈母的手下都是一片哄笑聲，而賈母卻說你們不要笑，你們去看一看，老太太扭了腰沒有。到了關鍵時刻，她能把握這個企業的價值取向，企業的品牌。

所以，企業品牌絕不是冷冰冰的幾個字，或者是一個標誌，在品牌出現的時候，它應散發著人性的光輝，賈母在這個方面做得非常成功。

賈母有一次帶著全家老老少少到宗廟裡去祭祀，結果有個小道士，躲的速度可能不夠快，鳳姐上去就是一個嘴巴。這把她平時霸道的脾氣打出來了。但是作為一個公司，出去這麼橫行霸道，會喪失人性關懷這種很重要的品牌形象。於是賈母趕緊出來維護：「珍哥……小門子小戶的孩子都是嬌生慣養慣的，哪裡見過這種勢派，要是嚇著他了，他老子娘豈不是心疼的慌……」

賈母通過她的努力，塑造了一個企業的正面形象，尤其是公眾形象。但是像她這樣，表面看起來很溫和、很具有親和力的領導者，會不會縱容或者姑息企業內部的一些不良現象呢？當然不會。

賈府的下人到了晚上要消磨時間，就在打牌的過程中加上了賭博，這種事情賈母是嚴加管教的。有一次抓住的賭博者有三撥人，這三撥人背後，是賈府的各級部門經理，所以大家都來替這些人說話。但是賈母卻說：「你們不知道，這些奶子們，一個個仗著奶過哥兒姐兒……」

海爾集團總裁張瑞敏曾說：「我經營海爾主要是無爲而治。我只抓大事，企業的大事就是文化、組織和戰略。」

張瑞敏的「無爲」並不是什麼都不爲，而是按照企業的文化、制度讓企業自然地運行。這就好比一臺上了發條的鐘錶，你盡可以離開去做你的事情，它不會因爲你的走開而停止。如果說張瑞敏有「權杖」的話，市場壓力就是「權」，張瑞敏把這個壓力分解到每一個部門、每一個人，讓所有部門和人都按照市場壓力去運轉。

張瑞敏曾談過無爲和有爲的關係，他認爲無爲就是企業的價值觀，它是無形的，但非常重要，在這個無形價值觀的指導下，可以產生有形的成果，也就是老子所說的「爲無爲則無不治」。他說：「所謂『超級領導』，就是你的領導水準達到了能夠讓下屬在沒有領導者的時候仍然正常工作。」

善於授權，讓管理變得輕鬆

賈母能成爲最輕鬆、最快活、最會享受生活的董事長，跟她懂得授權、善於授權是分不開的。

一個不願授權、什麼都幹的管理者，什麼都幹不好。一個聰明的領導者，應該積極授權，借力成事，而一個真正懂得授權的管理者才是一個成功的人。

一、學會授權，讓自己從瑣事中解放出來

學會授權是企業的領導者所必須具備的基本素質。因爲你無力控制所有事情，也無法制定全部決策。當你試圖控制所有的事情的時候，往往會做得既效率低下，又混

亂不堪。因此，你最好能讓自己的下屬去執行，因爲他們可能比你更加瞭解情況。試想，如果賈母不放心旁人，大權獨攬，要爲丫環罵架，小廝闖禍這樣的小事情操心，哪有精力去把握賈府的大方向？

很多管理者習慣了大包大攬的管理方式，我們不能說這樣的領導無才，其實正是因爲才能太多，以至其勞多卻不得實質性的收效。這種管理者還認爲只有自己對所有的事情很清楚，只有自己才能高效地處理問題。

在人們的眼裡，三國時蜀國的宰相諸葛亮是智慧的化身，並且非常勤政，連他自己都說：「鞠躬盡瘁，死而後矣。」但是他有一個缺點，就是事必躬親。蜀軍上上下下，事無巨細，都由他親自過問、領導、佈置，軍隊的錢糧支出，他都要一一審查。蜀國的大小將領，也都機器般地聽從他的調遣，可以說一切都在諸葛亮的掌握之中。

諸葛亮凡事親力親爲，從不相信別人。比如對待李嚴。李嚴在劉備眼裡，才能僅次於諸葛亮，劉備在臨終時說：「嚴與諸葛亮並遺詔輔少主，以嚴爲中都護，統內外軍事，留鎭永安。」

劉備目的很明確，讓諸葛亮在成都輔劉禪主政務，讓李嚴屯永安拒關並主軍務。諸葛亮秉政後，本應充分發揮好李嚴等人的作用，然而他仍是事無巨細，都要經己過問，惹得李嚴不高興，矛盾日漸加深。之後諸葛亮以第五次北伐爲藉口削了李嚴的兵權，調漢中做後勤工作。後來又因運糧事件，「廢嚴爲民，徙梓勤郡」，自己親自擔任運糧官，結果導致五丈原對峙曠日持久，軍心渙散。司馬懿聞後斷言：「亮將死矣。」果如其言，不久諸葛亮就被活活累死了。

在企業的實際工作中，許多管理者整天忙得焦頭爛額，希望每件事情經過他的努力能圓滿完成，這種事事求全的願望雖然是好的，但常常收不到好的效果。

美國著名的杜邦公司的第三代繼承人尤金・杜邦，是個典型的喜歡事必躬親，大包大攬的人。

尤金・杜邦在掌管杜邦公司之後，堅持實行一種「凱撒式」的經驗管理模式，「一根針穿到底」，對大權採取絕對控制，公司的所有主要決策和許多細微決策都要由他獨自制定，所有支票都得由他親自開；所有契約也都得由他簽訂；他親自拆信覆函，一個人決定利潤分配，親自周遊全國，監督公司的好幾百家經銷商；在每次會議上，總是他發問，別人回答……

尤金的絕對式管理，使杜邦公司組織結構失去彈性，很難適應變化，在強大的競爭面前，公司連遭致命的打擊，瀕臨倒閉的邊緣。

與此同時，尤金本人也陷入了公司錯綜複雜的矛盾之中。一九二0年，尤金因體力透支去世。合夥者也均心力交瘁，兩位副董事長和秘書兼財務長相繼累死。

顯然，最終將管理者擊垮的不是那些看似滅頂之災的挑戰，而是一些微不足道的小事。追其根由，在於企業管理者不善於授權。這足以說明，合理授權對於管理者實現企業目標至關重要。

事必躬親，最後積勞成疾，不幸早死的諸葛亮，一直以來都是管理者笑談的人物。作爲一個管理者，不能事必躬親，要懂得有效授權才行，面對很多有才華的下屬，爲什麼不授予他們權力，把事情交給他們來辦理呢？這樣，既有利於自己集中精力辦大事，又能增強下屬的責任感，充分發揮他們的積極性和創造性。一個企業領導者如果不願意授權或者不善於授權，他領導的企業一定是一個缺乏活力的企業。

「無權不攬，有事必廢」。一個不願授權、什麼都幹的管理者，什麼都幹不好。因此，領導力培訓專家史蒂芬·柯維明確指出：「作爲管理者，別攬權在身。」一個聰明的領導人，應該積極授權，借力成事。

學會把握授權的時機

一個有著遠大理想的管理者，如果發現自己總是在重複地做著某些無關緊要的事情，或總是吃力地做一些自己不擅長的事情，而有關組織競爭力與發展狀態的重大事項卻總被耽誤時，就應該認真考慮是否需要授權了。

制定清晰而又有所取捨的詳細計畫

授權作為一種管理方式，體現著管理者的管理、指揮與社交藝術，它需要管理者首先能較好地安排自己的工作，對工作有嚴密的計畫，能較好地認識自己該做什麼不該做什麼，瞭解什麼樣的事情該授權他人完成，什麼樣的事情必須不辭辛苦地親自去做。

具備敏銳的洞察力

即善於發現人才，善於瞭解下屬的特長與能力，從而為需要授權之事找到合適的人選。

配合以良好的協調溝通能力

管理者必須能得到下屬的信任，善於激勵下屬的工作熱情，擅長協調各部門及各個人之間的利益，合理安排各種資源和資訊，從而使下屬能與自己配合好，有完成任務的激情與信心。這是一種處理人際關係的藝術，是管理者必須在實踐中去揣摩的。

對於什麼樣的事情可以授權，要有充分的把握

應該將什麼事情進行授權，對於肩負不同責任的管理者來說，有著不同的標準，但有一點值得所有管理者注意，那就是管理者的主要任務是制定計劃、做出決策、溝通協調及領導與指導和程序控制。以這五項職能爲重心，那些屬於日常雜項的事情，如日常行政事務、生活後勤性事務以及一些簡單的程序性事務可以安排他人執行；對於決定的執行和操作，一般都具有專業性和技術性，但這不是專職的管理者應該親自去做的，哪怕自己懂得這種專業和技術，管理者也只應負責監督和檢查，對執行過程中的疑問作出解釋或決定。

管理者只有採用以上的做法，將日常性事務及操作性事務通過授權交由他人去做，而自己專心於思考與組織前途命運相關的戰略、目標、計畫、策略等問題，專心於決策、溝通、協調、指導及選拔人才等事務，才能使組織內部分工合理、人盡其才、才盡其用。

二、充分地授權，必要地監督

授權管理的本質是監控和督查。如果只授權，不監督，後果就是四分五裂；如果不授權，只監督，局面則會是一潭死水。

不過，賈母的授權並不是沒有邊界的，她有自己的原則，在不破壞原則的情況下，賈母可以容忍下屬的一些錯誤。一旦有人犯了原則性錯誤，致使局勢失控，她就會迅速採取補救措施，進行有效的指導和控制。

賈母該和善時和善，該嚴格時絕不留情。

《紅樓夢》第七十三回，賈母認為園中存在不安定因素，主要是值夜班的老媽子聚眾賭博，容易懈怠和引賊入室，必須嚴懲。她查出大頭家三人，一個是林之孝家的兩姨親家，一個是園內廚房內柳家媳婦之妹，一個是迎春之乳母。賈母便命人將骰子牌一併燒毀，所有的錢入官分散與眾人，將為首者每人四十大板，攆出，總不許再入，從者每人二十大板，革去三月月錢，撥入圊廁行內。又將林之孝家的申飭了一番。黛玉、寶釵、探春等人一起向賈母求情，這是一向最得寵的三個姑娘，但賈母卻毫不容情地給駁了回去。

賈母道：「你們不知。大約這些奶子們，一個個仗著奶過哥兒姐兒，原比別人有些體面，他們就生事，比別人更可惡，專管調唆主子護短偏向。我都是經過的。況且要拿一個作法，恰好果然就遇見了一個。你們別管，我自有道理。」寶釵等聽說，只得罷了。

但賈母也有監督不力的地方，比如對王熙鳳。賈母重寵王熙鳳，授權過度，缺乏必要的監督和約束機制。王熙鳳集控制權、監督權於一身，權力過於集中，又沒有其他人對其進行監控。家族成員的收入全部歸入帳房，所需開支由帳房劃撥，但每家每戶究竟有多少財產卻並不清晰。因此大家都傾向於盡可能多地花錢，這樣就造成了財產的嚴重浪費。

適當的授權和授權後適當的監督，都是非常有必要的。

一位不懂授權的領導者，不能說是一位合格的領導者；而一個授權後不再監督的領導者，是一名不負責任的領導者。作爲領導者，凡事不必親歷親爲，給下屬獨立操作的機會，是首要的；而授權並不意味著放任下屬隨意枉爲，監督過程要貫穿始終。

領導者在授權的同時，必須進行有效的指導和控制。美國一管理學家曾說：控制是授權管理的「維生素」。授權管理的本質就是控制。

有些管理者對授權有疑惑，誤以爲自己授權，就可對任何事都不聞不問。這是錯誤的觀念。卓有成效的領導者不僅要是一個授權的高手，更應該是一個控權的高手。否則，授權會失去意義，使公司遭受損失。

宏碁公司總裁施振榮從一九八四年四月任命劉英武爲宏碁執行總裁開始，就讓自己陷入了爭吵和痛苦之中。劉英武是美國電腦界最有聲望、職務最高的華人。施振榮將他招入公司後，沒加思索就把公司所有的經營決策權交給了他。劉英武一上任，就採用高度集權的管理方式，放棄了公司長期實行的「快樂管理」，獨斷專行，不允許下屬發表過多意見。他作了一連串失敗的收購決策，導致公司遭受巨大損失，致使員工議論紛紛，人心浮動。施振榮無奈，只有重掌帥旗，整頓公司。

爲什麼聲名赫赫的劉英武帶給宏碁的卻是災難？施振榮怎樣做才能避免出現這種尷尬的局面？

答案不言而喻，因爲施振榮的授權是一種沒有控制的授權。如果施振榮能在劉英武上任之前，對他的權力作出限制，讓他瞭解組織中哪些東西可以改變，哪些不能，對他的決策權力進行一定的指導和控制，並建立錯誤糾正機制，就可以避免失敗的結果。

授權必須是可控的，不可控的授權是就是棄權。或者說，管理者應給下屬兩件物品，一根繩子和一塊糖，繩子是約束機制，控制被授權者的許可權範圍；糖是激勵機制，可激發下屬在許可權範圍內，最大限度地發揮潛力。

善於授權的管理者，同時也必須是善於控權的管理者，二者相輔相成，才能確保對系統實施有效控制，確保權力有序運行。

那麼，怎樣才算恰當地對員工進行授權呢？

一、對下屬的授權應當分工明確

管理者的下屬往往不止一個人。在對他們進行授權時，每個人的分工都應當是十分明確的，不能有重疊的部分，這樣才能增強他們的責任感。你進行授權時，首先應當選擇一個最有能力完成任務的人，然後確定他是否有時間和動力來完成這項工作。如果你已經有一個合適的人選，你的下一步工作是明確地告訴他你授予他怎樣的權力，你希望得到什麼樣的結果，以及你在時間上的要求。

二、不要對完成任務的方法提出要求

除非有特別的原因，否則管理者在進行授權的時候都應當只授權結果。也就是說，只告訴員工要做什麼和達到怎樣的結果，而下屬採用何種方法則由他們自己去決定。著眼於目標，並給下屬完全的自由，這才是真正的授權。只有讓員工對如何達到目標做出自己的選擇和判斷，才可以增進你與員工之間相互依賴的關係，激勵員工的工作熱情。

三、允許下屬參與授權的決策

每一項權力都應當與限制相伴隨。管理者在授權的時候，要只下放用於完成某項工作的權力，而不是無限的權力。怎樣來確定完成一項工作到底需要多大的權力呢？最好的辦法是讓下屬參與該項決策，參考一下員工認爲完成這項工作需要何種權力的意見。值得注意的是，有的人可能傾向於擴張自己的權力，使其超出必要的範圍，而過大的權力會降低授權的有效性，因此管理者要注意把關，與完成任務無關的權力不應該下放給員工。

四、使其他人知道授權已經發生

授權不應當在真空中進行，授權的目的是爲了完成任務，而完成任務必然要涉及到許多其他的人。管理者和下屬不僅需要知道授予了什麼權力以及多大的權力，還應把授權的事告知與授權活動有關聯的其他人。不通知其他人很可能會造成衝突，並且會降低下屬完成任務的可能性。

五、對接受授權員工進行監督和控制

沒有制約的權力是不可想像的。僅有授權而不實施控制會招致許多麻煩，最可能出現的問題是下屬會濫用他所獲得的許可權。因此，在進行任務分派時，雙方應當明確控制機制。首先要對任務完成的具體情況達成一致，而後確定進度日期，在這個時間裡，下屬要彙報工作的進展情況和遇到的困難。控制機制還可以通過定期抽查得以補充，以確保下屬沒有濫用權力。但是要注意物極必反，如果控制過度，則等於剝奪了下屬的權力，授權所帶來的許多激勵就會喪失。

六、做好出現錯誤的心理準備

管理者在進行授權時，首先應當建立這樣一種信念：錯誤是授權的一部分。也就是說，要讓下屬百分之百按照管理者的意圖來完成工作是不大可能的，下屬在完成任務的過程中出現一些錯誤是正常的。管理者應當預期到下屬會犯什麼錯誤，遇到什麼困難，並及時地加以幫助。只要代價不是太大，授權就是可行的。下屬犯錯誤實際上

是他們在進行鍛煉。只要下屬得到的鍛煉多於因此帶來的損失，你就是一個成功的授權者。

掌握管理技巧，方能樂享成功

賈母掌握著那麼大的賈家集團，卻很少把時間用在辦公中，聽戲、猜燈謎、賞花，品茶……這些休閒生活成了她生活的主體，她能如此輕鬆，是因爲她善於把恰當的工作分配給最恰當的人。

一、把恰當的工作分配給最恰當的人

鋼鐵大王卡內基曾經親自預先寫好自己的墓誌銘：「長眠於此地的人懂得在他的事業中起用比他自己更優秀的人。」

成功的領導者都有一個特長，就是善於觀察別人，並能夠吸引一批才識過人的人士來合作，以激發彼此共同的力量。這是成功者最重要的、也是最寶貴的經驗。

任何人如果想成爲一個企業的領袖，或者在某項事業上獲得巨大的成功，首要條件是有一種鑒別人才的眼光，能夠識別出他人的優點，並在自己的事業道路上利用他們的這些優點。

賈母之所以在府裡那麼多女眷中挑選了王熙鳳，是有自己的原因的。賈府的幾個大小姐，除了探春個性較強外，性格都較為柔弱，像迎春，雖然貴為二小姐，但有時連丫環也敢用話嗆她。賈府需要一個性格強的，能鎮得住下人又積極肯幹的執行副經理。賈母總是戲稱王熙鳳為「鳳辣子」，正是因為王熙鳳身上有種潑辣勁，她自小在府裡被當做男孩養，平日做事，連男人也折服。

王熙鳳的性格當然是適合的。賈母更懂得平衡之術，在當時的賈府中，女孩不能當家，幾個媳婦、孫媳婦裡頭，王熙鳳是精力最充沛也最肯幹的，用現在的話來說，她簡直是個有些工作狂的女強人。

一位商界著名人物、也是銀行界的領袖曾說：「我的成功得益於鑒別人才的眼力。這種眼力使得我能把每一個職員都安排到恰當的位置上，並且從來沒有出過差錯。」不僅如此，他還努力使員工們知道他們所擔任的位置對於整個企業的重大意義，這樣一來，這些員工無需監督，就能把事情辦得有條有理、十分妥當。

但是，鑒別人才的眼力並非人人都有。許多經營事業失敗的人大多是因為他們缺乏識別人才的眼力。他們常常把工作分派給不恰當的人去做。儘管他們本身工作的非常努力，但他們常常對能力平庸的人委以重任，而冷落了那些有真才實學的人。

他們一點都不明白，並不是能把每件事情都幹得很好、樣樣精通的人才叫人才，能在某一方面做得特別出色的人才是真正的人才。比如說，一個會寫文章的人，他們便認為是人才，認為他管理起人來一定不差。其實，一個人能否做一個合格的管理人員，與他是否會寫文章是毫無關係的。管理者必須在分配資源、制定計劃、安排工作、組織控制等方面有專業技能，而這些技能並不是一個善寫文章的人一定具備的。

世上成千上萬的經商失敗者，都失敗在他們把許多不適宜的工作加在雇員的肩上，而不去管他們是否能夠勝任，是否感到愉快。

一個善於用人、善於安排工作的人，會在管理上少出許多麻煩。他對每個雇員的特長都瞭解得很清楚，也盡力做到把他們安排在最恰當的位置上。而那些不善於管理的人往往忽視這個重要的方面，總是考慮管理上一些雞毛蒜皮的小事，這樣做當然會失敗。

劉邦論謀略敵不過張良，論打仗帶兵敵不過韓信，但他將這些人才為己所用，成就了大事。劉備的幾個結拜弟兄也個個比他強，但都忠心輔佐他，幫他成就了霸業。

一個人是唱不了大合唱的，必須借人而成。由此可見，借人成事是至關重要的，你如果忽略這一點，今生就注定只能演獨角戲。

二、不在於如何減少別人的短處，而在於如何發揮人的長處

很多事情，賈母不是不知道，只是她知道人無完人，既然用人，就需要信任人。管理者是管理人才的伯樂，正如美國著名經營專家卡特所說：「管理之本在於用人。」用人的策略，不在於如何減少別人的短處，而在於如何發揮人的長處。

一個任用沒有缺點的人的組織，最多是一個平平庸庸的組織。想要找「各方面都好」的人，只能找到平庸的人。強人總有些缺點，有高峰必有深谷，誰也不能十項全能都強。與人類現有的博大的知識、經驗和能力相比，即便是最偉大的天才都不及格。

一位經理如果重視別人不能幹什麼，而不是重視別人能幹什麼，就會以回避缺點來選用人，而不以發揮長處來選用人，那麼他本人就是一個弱者。他可能看到了別人的長處，卻把它當成對自己的威脅。但事實上，從來沒有哪位經理因爲他部下很有能

力、很有效率而遭殃。

有效的管理者知道，他們的部下之所以拿薪水，是爲行使職責，而不是爲了投上級所好。他們知道，只要一位女演員能招來觀眾，她愛發多大脾氣都無關緊要。假如發脾氣是這個女演員使自己的表演達到至善至美的方法的話，那麼劇團經理就是爲受她的脾氣而拿薪水的。

有效的管理者從來不問：「他跟我合得來嗎？」而問的是：「他能做什麼？」所以在用人時，他們會發掘別人某一方面的傑出之處，而不看他是否具有人人都有的能力。

知人所長和用人所長是合乎人的本性的。事實上，所謂的「完人」或者所謂的「成熟的個性」，隱含著對人的最特殊才能的褻瀆。人的最特殊才能是：把他的所有資源都用於一項活動、一個專門領域、一項能達到的成就上。換句話說，所謂的「完人」或者「成熟的個性」的概念，褻瀆了人的卓越，因爲人只能在某一領域內達到卓越，最多也只能在幾個領域內達到卓越。

當然，世上確有多才多藝的人，我們通常所說的「萬能天才」指的就是這些人。但真正在多方面都有造詣的人還沒有。即使是達文西，也只不過在繪畫方面造詣較深，儘管他興趣廣泛；如果歌德的詩沒有留傳下來，那麼他也就是對光學和哲學有所涉獵。偉人尚且如此，我們這些凡人就更不用說了。除非一個管理者能夠發現別人的長處，並設法使其長處發揮作用，否則他就只會受到別人的弱點、短處的影響。用人只用別人的短處，只用別人的弱點，是對人才資源的浪費，是誤用人才，說得嚴重些，便是虐待人才。

發現人的長處是爲了要求成果，如果一個管理者不先問：「他能做什麼？」那麼我們可以肯定，這位管理者的部下不會有真正的貢獻，因爲他事先已經原諒了他部下的無成果。這樣的管理者成事不足，敗事有餘。真正「苛求」的經理——事實上，懂得用人的經理都是苛求的經理，他總是先發掘一個人最能做什麼，再來「苛求」對方做什麼。

如果想克服人的缺點，組織的目標就要受挫。所謂組織，是一種工具，專門用來發揮人的長處，中和人的短處，使其變得無害的工具。能力很強的人不必參加組織，也不想參加組織，他們自己單幹會更好。我們絕大多數人，沒有許多長處，不可能憑僅有的長處就能取得成就，更何況我們還有許多缺點。研究人際關係學的專家有一句俗語：「你要雇傭一個人的『手』，就是雇傭他『整個的人』，因爲他的人和手總是在一起的。同樣，一個人不可能只有長處，短長總是和我們在一起。」

但是我們可以這樣籌畫一個組織，使人的弱點只是個人的瑕疵，被排除在他的工作和成就之外，使人的長處得到發揮。一位優秀的會計師，自己創業可能會因爲不善於與人相處而受挫折；把他放在組織裡，我們就可以使他發揮會計業務之長，把他不善於與人相處之短排除在他的工作之外。一個小企業家只精通財務但不懂生產和銷售，也要遇到麻煩；而在一家略大一點的企業裡，一位只有財務特長的人照樣可以有很好的生產性。

三、善於給予，而不是索取

「施」，就字義而言，就是給予，施與幫助，也可以說是奉獻。領導者善於給予員工，員工才能真正用心爲公司服務。

你只有不斷地給予別人，才能有影響力。

戰國時期有四公子：齊國孟嘗君，趙國平原君，魏國信陵君，楚國春申君。爲什麼這些人的話對當時的許多國君都有影響力？因爲他們不斷給予，養了一班人。他們禮賢下士，廣招賓客，不斷地擴大自己的影響力，所以國君怕他們。

即便是貪婪成性、雁過拔毛的王熙鳳，有的時候也懂得給予的管理技巧。京官後代王狗兒已淪落鄉間務農，因祖上曾和王夫人、鳳姐娘家聯宗，他便讓岳母劉姥姥到榮國府找王夫人「打秋風」。賈母是個慈善的人，對鄉下來攀親戚的劉姥姥是熱情有加，不但宴請了她，還帶她在園子裡遊走。劉姥姥為人樸實，很討賈母歡心。最會拍馬屁的王熙鳳當然也不能待慢劉姥姥。她不但好好接待了劉姥姥，還給了二十兩銀子。卻不想，正是這樣的給予激勵政策，讓劉姥姥在賈家敗落之後，挽救了王熙鳳的獨生女兒巧姐。王熙鳳幾乎一輩子都在索取，唯獨在這件事上的給予，為女兒積了後福。

現代的商業化社會，讓很多人表現得很精明，處處算計，生怕吃一點點的虧。他們一聽到要付出、要給予、要無私奉獻就頭痛。其實，這些人精明而不高明，不吃虧但也占不到什麼便宜。

作爲領導者，如果你不以給予和人心爲關注目標，就得不到人心，如此還能夠得到什麼呢？肯定什麼也得不到。所以，領導者一定要有正確的「人才觀」，懂得並擅於給予。

早期的美國福斯公司急需一項重要的技術改造。一天深夜，一位科學家拿了一台能解決問題的原型機走進總裁的辦公室。總裁覺得這個主意非常妙，琢磨著怎樣給予對方獎勵。他彎下腰把辦公桌的所有抽屜都翻遍了，總算找到了一樣東西，於是他躬身對那位科學家說：「這個給你！」他手上拿的竟是一根香蕉，而這是他當時能拿得出的唯一獎賞。

賞。

從此以後，香蕉演化成了小小的金香蕉形別針，作爲該公司對科學成就的最高獎賞。

作爲公司領導人，除了用高額薪金和年終紅包來獎勵員工外，還要善於調動員工的積極性，對此一個最有效的辦法是表揚下屬。從心理學的角度而言，人都是渴望得到社會認可和尊重的，如果領導者能夠恰如其分地讚美下屬，就會讓下屬人心歸附，對領導者、對公司產生情感歸依。

《紅樓夢》中寫賈母到瀟湘館，看到黛玉的紗窗褪了色不好看，堅持要換，換上的紗窗用料是連薛姨媽和鳳姐都不認識的「比現在內造上用的紗更軟厚輕密」的軟煙羅，這「歷史悠久」的「絕世珍品」，居然是鳳姐「昨兒開庫房」不小心找出來的。賈母將這樣的好東西給予黛玉，為的是讓黛玉感受到自己對她的愛，一再強調第二日就換，為的是讓所有人看到自己對黛玉的愛，讓他們知道黛玉雖然父母雙亡，但有自己這個最疼愛她的外祖母撐腰，要下人們不仗勢欺人。

不要總是不斷向員工索取成績、索取績效，想想你能提供給員工什麼？「水不激不揚，人不激不奮」。管理者應當善於激勵員工，把員工的心捂熱，想辦法給他們滿足，讓他們充分發揮自己的主觀能動性。

一個善於激勵下屬的管理者，深知讓員工嘗到「甜頭」的好處。作爲一名管理者，能夠很好地識人用人，對企業的發展有著舉足輕重的作用。

TIPS 構建激勵體制，激發員工主觀能動性

下屬工作效率低下，你該怎麼辦？辦法只有一個，學會激勵他們。沒有包治百病的萬能藥，也沒有一種激勵方法可以讓所有的員工都滿意。但是，你可以構建一個激勵體系。

1. 目標激勵

所謂目標激勵，就是把大、中、小和遠、中、近的目標相結合，使員工在工作中時刻把自己的行爲與這些目標緊緊聯繫。目標激勵包括設置、實施和檢查目標三個階段。在制定目標時須注意：要根據團隊的實際業務情況來制定可行的目標。一個振奮人心、切實可行的目標，可以起到鼓舞士氣，激勵員工的作用。而那些可望不可及或既不可望又不可及的目標，會產生適得其反的作用。管理者可以對團隊或個人制定並下達切合年度、半年、季度、月、日的業務目標，並定期檢查，使其朝著各自的目標去努力拼搏。

2.物質激勵

所謂物質激勵，就是從滿足人的物質需要出發，對物質利益關係進行調節，從而激發人們的向上動機並控制其行為的趨向。物質激勵多以加薪、減薪、獎金、罰款等形式出現。在目前社會經濟條件下，物質激勵是激勵體制中不可或缺的重要手段，對強化按勞取酬的分配原則和調動員工的勞動熱情有很大的作用。

3.情感激勵

情感激勵既不是以物質利益為誘導，也不是以精神理想為刺激，而是指領導者與被領導者之間以情感聯繫為手段的激勵方式。情感激勵主要是培養激勵對象的積極情感。其方式有很多，如溝通思想、排憂解難、慰問家訪、交往娛樂、批評幫助、共同勞動、民主協商等。只要領導者真正關心體貼、尊重、愛護激勵對象，能通過感情交流充分體現出自己的「人情味」，被領導者就會把你對他的真摯情感化作接受你領導的自覺行動。

4.差別激勵

由於每個員工的需求各不相同，對某個人的有效獎勵措施可能對其他人沒有作用。管理者應當針對員工的差異進行個別化的獎勵。比如，有的員工希望得到更高的工資，而另一些人並不在乎工資，只希望有自由的休假時間。又比如，對一些工資高的員工，增加工資的吸引力可能不如授予他「優秀員工」頭銜的吸引力大。每個人都有自己的性格特質。員工的個性各不相同，他們所從事的工作也應當有所區別。與員工個性相匹配的工作才會讓員工感到滿意、舒適。

5.支持激勵

主管要善於支持員工的創造性建議，充分挖掘員工的聰明才智，使大家都想事，都幹事，都創新，都創造。支持激勵包括尊重員工的人格、尊嚴、創造精神，愛護下級的積極性和創造性；信任員工，放手讓員工大膽工作；當員工工作遇到困難時，主動爲員工排憂解難，增加員工的安全感和信任感；在工作出現差錯時，承擔自己應該承擔的責任。當團隊主管向上級誇讚員工的成績與爲人時，員工會心存感激，這樣便滿足了員工渴望被認可的心理，其幹勁會更足。支持激勵既是用人的高招，也是激勵員工的辦法之一。

物質獎勵和精神激勵相結合。進行獎勵，不能搞「金錢萬能」，也不能搞「精神萬能」，應當把物質獎勵和精神激勵相結合。如果當管理者的能用好的激勵方法管理下屬，尤其是那些有個性、有文化、有知識、有思想的「四有」員工，那麼管理水準一定會「更上一層樓」。

◆延伸閱讀◆

劉姥姥的處世之道

提起《紅樓夢》中的劉姥姥，人們想到的可能是她衣著寒酸、言語粗陋的形象，可能是遊大觀園時讓鳳姐、鴛鴦戲弄耍笑，花園滿頭插花、宴席中夾鴿子蛋、被灌酒，最終醉臥寶玉房間這些令人忍俊不禁的糗事。可實際上，曹雪芹所塑造的劉姥姥是一個不可小覷的人物。

★有技巧地提出自己意見，處理好家庭內部關係

當女婿狗兒為養家糊口發愁時，劉姥姥發話：「謀事在人，成事在天，咱們謀到了，看菩薩的保佑，有些機會，也未可知。」首先，她向女婿提起「咱們家原是和金陵王家連過宗的」信息；其次，引導女婿想出讓自己帶板兒前去找周瑞、再拜訪王夫人這一求助方案；最後，付諸實現。

返回來細想，我們會發現劉姥姥早就胸有成竹、想好了辦法：自己當年就認識王夫人，也辦過這些事，知道該如何操作。可由自己提出整套計畫又不太合適。自己要靠女兒女婿養老，得和女婿拉好關係，在大事、大決定上要時刻謹記女婿才是一家之主，決不能搶女婿的風頭。最後事情還不是照著劉姥姥自己的意

思來辨的？劉姥姥是在不動聲色之際做成想做之事，從而逐步提高自己的家庭地位，最終成為女婿家的掌權者。《紅樓夢》第一百一十九回描寫了劉姥姥未與女婿商量就自作主張把巧姐和平兒接回家中，由此可見，劉姥姥在女婿家裡說話已極有份量了。

★善於隨機應變

知道榮國府王夫人退居二線，改由王熙鳳主事後，劉姥姥並未因此而退卻，還是照原計劃行事，但適時改變了要求助的人。在「二進榮國府」時，賈母想聽聽村裡的新聞事，劉姥姥就投其所好講了些善有善報、惡有惡報的故事，滿足她的心理需求。筵席上吃鴿子蛋，劉姥姥明知鳳姐要看笑話，自己天天在田間地頭，哪能不知雞蛋和鴿子蛋的區別？為了扮好丑角，她故意說：「這裡的雞兒也俊，下的蛋也小巧。」又說，「一兩銀子，也沒聽見響聲就沒了。」用這些俗不可耐的話給筵席帶來笑聲，給缺少生氣的大觀園帶來了歡樂。

靠這些應變能力，劉姥姥叩開了榮國府的大門，有了進榮國府拜見、遊覽大觀園的好事，給榮國府各階層人士留下深刻印象，最終攀上了「白玉為堂金作馬」的金陵賈家！

★不露痕跡的誇讚

大觀園是接待賈妃的省親別墅，居住其中的才女們找不出恰當的詞語來描述它，只好用「精妙一時言不出」來形容其佈局精巧、豪華富麗。而劉姥姥則用對比的話，誇讚了大觀園景色之美實非常人所能想到：「我們鄉下人，到了年下，都上城來買畫兒貼，閒了的時候兒，大家都說怎麼得到城裡賣的畫上逛逛。想著畫不過是假的，哪有這真地方呢？可進園子一瞧，比那畫還強十倍。」劉姥姥還用這樣的話誇讚榮國府的點心：「我們那裡最巧的姐兒也不能絞出這麼個紙的來。我又愛吃、又捨不得吃，包些家去給她們做花樣子。」她以羨慕的語氣、配以沒見過世面的語言進行誇讚，讓鳳姐、鴛鴦這些操辦主事者心裡著實受用，而賈母心中也少不了得意一番。

★展示自己的特色

在大觀園酒桌上行酒令時，劉姥姥躍躍欲試道：「我們莊家人閒了，也常會幾個人弄這個，但不如說的這麼好聽，少不得我也試一試。」鴛鴦說：「左邊『四四』是個人」。劉姥姥應：「是個莊家人罷。」鴛鴦說：「湊成便是一枝花」。劉姥姥應：「花兒落了結個大倭瓜。」雖然她沒有在座的諸位才子、才女學問高，還是毫不畏懼地接受了挑戰，用老百姓的本色在大觀園裡「秀」了一回。

在劉姥姥給大觀園帶來的笑聲中，賈母這些位高權重者感到了無上的尊榮、獲得了精神上的滿足，但劉姥姥才是大贏家，大開眼界遊玩了大觀園不說，還與榮國府上上下下的女眷拉好了關係：以同齡人身分靠近賈母，以奉承話巴結鳳姐，以自曝其短取悅姑娘，以低下身分接近丫環，全府上下沒幾個不喜歡她的。臨走時，賈母、王夫人、寶玉、平兒、鴛鴦都有不同禮物贈送，返程的車上堆滿了青紗蔴綢、內造點心、御田粳米、綢緞衣物，劉姥姥摟著成窯鐘子，懷裡揣著一百多兩銀子滿載而歸。

劉姥姥還是一個有情有義的人。且不說「一進榮國府」時，鳳姐幫襯了二十兩銀子，第二回劉姥姥來時，趕緊帶來了頭一批摘下的瓜果蔬菜以盡心意，榮國府出事、鳳姐病逝後，以往的一些親戚朋友視賈家人為洪水猛獸，唯恐避之不及，遭到牽連。這時，邢夫人、王仁和賈芸聯合起來要把巧姐賣到藩王家當使女，平兒和王夫人急得不知如何是好，在這關鍵時刻，劉姥姥來了，提議讓巧姐、平兒躲到屯子裡，由平兒寫明事情原委、狗兒找人通知賈璉。得到王夫人同意後，該提議立即實施。

劉姥姥不因榮國府犯事而不敢來往，她時時刻刻記得榮國府曾資助過她，更記得鳳姐是如何對她好。其後，榮國府恢復了過去的地位，由門可羅雀轉為車水馬龍。經過了巧姐躲藏、做媒之事，劉姥姥與榮國府的關係怎能不更上一層樓？

《紅樓夢》在講述「侯門深似海」的榮國府的跌宕起伏過程時，塑造了許多各具特色、靈活鮮明的「紅樓夢中人」，其中穿插了劉姥姥這麼一位普通婦女，她充分展示了自己勞動本色的平民特徵，是一位既顧家，又能出謀劃策、兼顧他人感受、公關技術一流、有情有義的老人，這與那些總是帶著憐憫、施捨態度，只顧自己享受的貴族形成明顯對比，在令人難以忘懷之餘，為該書增色不少。

[第七章]

大觀園的那些事——得人心者得天下

《紅樓夢》的世界，玄機暗藏；人生的職場，危機四伏。林黛玉PK薛寶釵，晴雯PK襲人，王熙鳳PK平兒……最後，輸的那個都輸在「不得人心」上。可見，要想成為一名優秀的職業人，千萬不能忽視構築和健全良好人脈網的能力。

林黛玉VS薛寶釵：會做人的女人最好命

林黛玉和薛寶釵同是賈家的少奶奶的有力爭奪者，雖然林黛玉比薛寶釵年資長，與賈寶玉兩情相悅，但最後，上層領導人還是選擇了薛寶釵，因爲薛寶釵會處理人際關係，不但跟賈府的上層人物關係密切，先搞定了未來婆婆王夫人，又籠絡了賈寶玉未來的侍妾襲人，還時不時對下人施點小恩小惠。最後，在上層老板的指令下，在下層群眾的簇擁下，薛寶釵終於登上二奶奶的寶座。

晴雯，她擁有別人沒有的技能——針線，寶玉的雀金裘燒了個洞，只有她一人能補。在丫環裡面，晴雯絕對算得上是技術型人才，賈母就是看她長得好，工作能力又強，才安排她服侍寶玉，跟襲人同爲賈寶玉侍妾的培養對象。賈母欣賞，寶玉疼愛，自己又才華出眾，晴雯被這些蒙蔽了雙眼，在待人接物上顯得「狂浪」。她冷嘲熱諷襲人，常常拿秋紋、麝月打趣，對下面的小丫頭、老媽子態度更是惡劣，不但沒有發展人脈，還得罪了一大批人，以致最後被趕出大觀園時只有賈寶玉一個人去看望，連個知心的同事都沒有。

可見，時代雖然變了，但是「會做人的女人最好命」這個道理是亙古不變的。女人一定要學會打造自己的人脈，學會做人處世之道。

一、「好風頻借力」——好人脈讓你飛得更高

曾經有人這樣比喻：一把堅實的大鎖掛在鐵門上，一根鐵杆費了九牛二虎之力，還是無法將它撬開。鑰匙來了，它瘦小的身子鑽進鎖孔，只輕輕一轉，那大鎖就「啪」地一聲打開了。鐵杆奇怪地問：「爲什麼我費了那麼大力氣都打不開，而你卻輕而易舉地就把它打開了呢？」鑰匙說：「因爲我最瞭解他的心。」

深入內心的溝通，才能贏得人心。

人脈就是職場人成功的金鑰匙

不管職位高低，職場人的價值都取決於「關係網」的大小。要知道，職場上流行著這樣一句話：「工作中接觸人的多少，與一個人工資的多少成正比。」

企業在選擇、使用人才時，很看重被考察對象的人脈資源。企業在雇傭一個人的時候，不僅需要他從關係網中獲取的資訊，還希望把他的關係網同企業聯繫在一起，希望能通過他爲公司建立起新的關係網。

在美國，曾有人向兩千多位雇主做過這樣一個問卷調查：「請查閱貴公司最近解雇的三名員工的資料，然後回答：解雇的理由是什麼。」結果是，無論什麼地區、什麼行業的雇主，有超過三分之二的答覆都是：「他們是因爲不會與別人相處而被解雇的。」

我們看看身邊，看看那些從同事中脫穎而出、晉升到管理層的職業精英，那些「獨當一面」的人才，會發現，他們不一定是專業能力最強的，但肯定是最善於經營人脈的人。

很多人迷信創業者的神話，以爲只要自己辛苦努力就可以獲得成功，於是努力加班，拼命工作，沒時間跟同事、朋友聚會，沒時間去結交客戶，更沒時間去認識新的人脈關係。他們忽視了這些人的成功不僅僅跟個人努力有關。

沃倫・巴菲特父親曾擔任四屆國會議員，且曾參加國會金融委員會，由此，他的人脈網路之雄厚可想而知，而這樣一張網路對從小培養巴菲特的金融意識和日後為巴菲特創造機會發揮了重大作用。

蓋茲和艾倫創建的交通資料公司的第一筆訂單，是蓋茲通過父母關係找到主管交通的市政官員拿下的，艾倫到處推廣公司的產品，但效果遠遠不如蓋茲利用家庭人脈關係。蓋茲創建的第二家公司從事開發課表編排程式，第一筆業務是本校的課表編排，第二筆業務是為華盛頓大學實驗學院設計一套學籍管理軟體，是通過他擔任華盛頓大學學生管理協會成員的姐姐拿到的，而他母親是華盛頓大學董事長。對微軟公司發展具有關鍵意義的，是初創時從電腦巨頭IBM公司那裡拿到為其開發微機作業系統的大訂單，拿下這筆訂單的功臣之一，是他那出任IBM董事的母親，而IBM新任董事長是蓋茲母親的好友。

我們沒那麼幸運，不是官二代也不是富二代，家人無法提供給我們龐大的人際關係網，所以自己要利用好這八個小時，像蜘蛛織網般，開始營造自己的人脈圈。

被稱為「美國雜誌界奇才」的埃德沃・波克，小時候是一個名副其實的「苦孩子」。他六歲時，就跟著家中長輩移民到了美國，從小在美國的貧民窟長大，一生僅上過六年學。十三歲時，他就輟學到一家電信公司工作。

然而，埃德沃・波克並沒有就此放棄學習，他在工作之餘一直努力堅持自修。更不可思議的是，小小年紀的波克，竟然非常「早熟」地懂得了經營人際關係的重要性。

波克經營人脈的做法很獨特：首先，他省下工錢、午餐錢，買了一套《全美名流人物傳記大成》。

接著，他做出了一個讓任何人都意想不到的舉動：他直接寫信給書中的人物，詢問書中沒有記載的童年及往事。比如，他曾寫信給當時的總統候選人哥菲德將軍，問將軍是否真的在拖船上工作過？他還寫信給格蘭特將軍，問他有關南北戰爭的事。

那時候的小波克年僅十四歲，週薪只有六元兩角五分，他就是用這種方法結識了美國當時最有名望的詩人、哲學家、作家、大商賈、軍政要員等。那些名人也都樂意接見這位可愛的充滿好奇心的波蘭小難民。

小波克因此獲得了多位名人的接見，他決定利用這些非同尋常的關係，改變自己的命運。他開始努力學習寫作技巧，向上流社會毛遂自薦，替他們寫傳記。不久之後，他便收到了像雪片一樣的訂單，以至於，他需要雇用六名助手幫他寫簡歷，而這時的波克還不到二十歲。

很快，這個擅長交際的年輕人，就被《家庭婦女》雜誌邀請擔任編輯，並且一做就是三十年。而波克也利用他善於與人溝通的特長，將這本雜誌辦成了全美最暢銷的雜誌之一。

很多人在自己一無所有的時候都是自卑的，他們不敢輕易去結識人，怕別人的嘲笑。其實，只要你大膽地向別人主動展示你的才華，主動表達你的意願，主動表達你的善意，你就可能結識到第一條人脈，然後從這條人脈輻射出去，累積越來越多的人脈。

林黛玉的父親在朝為官，自己是賈母的親外孫女，是絕對的「官二代」，但是她來到賈府後，卻因為多病，「總不出門，只在自己房中將養」。如此，在賈母、王夫人面前討好的機會自然就少了，賈母是她的親祖母，只會憐惜不會介意，但王夫人不過是她的舅母，難免會怪她失禮。而薛寶釵，雖然只是個「富二代」，與賈家的關係也僅是母親跟王夫人是姊妹，遠不如黛玉跟賈府的關係親。但是，薛寶釵卻不忘每日一早一晚地去賈母、王夫人處定省兩次，「承色陪坐閒話半時」，禮數周全，面面俱到。

什麼是成功？這個問題其實並不難回答。所謂成功，就是幸運地獲得了被提拔的機遇。

什麼是機遇？那些不明真相的人，常把那些令人羨慕的、又不太可能發生的、偏偏又真正發生的事情稱爲「機遇」。其實，機遇就是得到貴人相助，就是幸運地獲得了他人的較高評價，從而得以擔當更重要的職責。這其實是我們中國人平時說的，千里馬遇到了伯樂。

要獲得機遇，我們除了要增強自身的競爭能力，除了提高個人的專業技能外，還要注意擴展自己人脈，從而給自己創造更多的可能。薛寶釵就曾寫詩說「好風頻借力，送我上青雲」，對於現代的職業女性來說，這個「力」就是人脈的力量。好人脈能讓你飛得更高。

二、聰明女人，隨時打造屬於自己的「圈子」

有這樣一句話，上帝給了你一天二十四小時，八小時工作，八小時睡覺，剩下的八小時是爲了讓你拓展人脈的。你利用好這八小時了嗎？

說起平時的工作，襲人應該比晴雯要忙碌，寶玉的貼身衣物基本都是出自她的手，每天還要貼身服侍，事無巨細。在有限的閒暇時間裡，襲人積極織起了自己的人脈網。

黛玉初來賈府的那晚，被安排睡在寶玉之前的房間，寶玉睡在外間。伺候寶玉入睡後，襲人看到黛玉的房間燈還亮著，就主動過來問姑娘怎麼還不休息。聽得黛玉傷心的原委，又安慰了一番。恰當的時間，適時的安慰，讓黛玉心懷感激。黛玉雖然在寶釵來了後，有過種種吃醋的事，也不時對寶釵冷嘲熱諷兩下，但卻從來沒有嫉妒過襲人和寶玉的關係，這也是襲人會做人的地方。

難道襲人不累嗎？不是的，但是她清楚，新來的這位林黛玉是賈母最疼愛的外孫女，以後大家住在一起，多認識一個人就多一份照應。選在黛玉剛到賈府，最孤立無援的時候，及時表達了自己的安慰，結下的才是雪中送炭的情誼。

而晴雯呢，書中多次提到她工作不認真，閒暇的時候會跟幾個小丫環們賭幾把，根本沒想過要為自己的將來儲蓄人脈。襲人不但主動跟黛玉示好，寶釵偶爾來怡紅院探望的時候，她也都把握時機，跟寶釵敘敘。對於史湘雲，襲人也是早早動手，史湘雲跟寶玉親厚，常來怡紅院玩，襲人會在日常生活上給予其無微不至的關懷，而湘雲是別人待自己一份好就回報十分好的直腸子，不但經常給襲人帶些小禮物，還偶爾幫著襲人做些針線活。而晴雯卻只想自己，寶釵待的久了，她便在一旁嘟囔著不高興，根本沒想過抓緊時間跟寶釵套交情。

襲人還利用日常工作時間，親手調教秋紋、麝月，跟她倆同吃同住，感情極好。而晴雯只是嘲笑她們的小圈子，卻從未想過自己根本沒有圈子。

鳳姐是賈府管事的，大權在握，這當然是黃金人脈。聽說鳳姐病了，襲人前去探望，充分表現出關懷要在別人最需要的時候送出才顯得更有意義。不但如此，襲人平日裡還跟鳳姐的高級秘書平兒交情匪淺。兩個人有著相似的身分，惺惺相惜。這才有了怡紅院的小丫環偷了鳳姐的鐲子，平兒查辦時隱瞞不報，只偷偷告訴了襲人，讓她盯防的事。

寶玉被打了，王夫人叫個丫環回話，襲人主動請纓，還把自己素日想到的對寶玉職場發展有利的提案彙報給了王夫人，給王夫人留下了深刻印象，取得了王夫人的好感和信任：「我的兒，你竟有這個心胸，想的這樣周全」，「我就把他交給你了，好歹留心，保全了他，就是保全了我。我自然不辜負你」。通過這事，襲人得到王夫人的特別賞識。襲人抓住時機，適時地表現自己，為自己爭取到了上層的支持。

晴雯被趕出賈府的時候，連一個肯幫她說話的人都沒有，若是她平日注意積累人脈，關鍵時刻能伸出援手，或許也不至於落得如此悲慘結局。

文學家馬克．吐溫曾這樣說過：「結交朋友最恰當的時期，是在你感到需要朋友之前。」

有人把人脈比做「存摺」，這是因爲人脈和資金的儲蓄一樣，都爲是了將來做準備。如果想等到「以後」或「有需要時」再「找關係」，「關係」就永遠不會來臨。等到「有必要」時才想到應該開始建立人脈，注定爲時已晚。

那麼，我們應該如何利用這八小時，打造屬於自己的「圈子」呢？

午餐是上班族鞏固自己職場人脈的最有利時間

寶釵一來賈府，就成功運用了吃飯時間，一會兒請大家吃螃蟹宴，一會兒跟探春吃油鹽炒枸杞芽兒，主動選找飯搭子，主動建立人脈。黛玉僅有的幾次飯局不是賈母叫去的，就是參加詩社的活動，完全是被動的。即便去了，她也是活在自己的小世界裡，只關心寶玉一個，錯失了無數建立人脈的關鍵時刻。

一周之內，你平均有多少次和同事共進午餐？這道題是用來判斷你在午餐這一用於瞭解周圍環境的工具上，投資的時間和精力是否足夠。

或許你會覺得，這過於誇大了職場中某些細節的作用——但是如果你曾經聽說過蝴蝶效應，也許就會覺得在吃午餐這件事上稍微花點腦筋，完全是理所應當的。

跟自己部門的同事一起吃飯，不但能讓自己更加融入這個團體，還可以讓不方便在上班時候說的話，在飯桌上以非正式的口吻說出來。飯桌本身就具有社交的獨特優勢。你除了能從飲食口味、經濟狀況乃至於性格特點等各個角度觀察你的同事以外，如果夠細心的話，還可以看出他對工作、部門、公司的看法。

跟不同部門的同事吃飯，則是擴大資訊來源、加強橫向溝通的好機會。在這種非正式的場合裡，更容易瞭解到在辦公室格子間裡不大容易瞭解到的邊邊角角的資訊——例如經理最近換了新車，小王的客戶跟老婆離婚——沒準在關鍵時候這些能派上用場。特別是在公司調整、變化，或是有重大舉措即將施行的時候，多跟同事一起吃飯，有助於你從不同角度全面瞭解大局。

懂得和辦公室同事共進午餐的藝術，遠比懂得如何和客戶廠商吃飯來得根本且重要。畢竟，安內才能攘外，如果你連公司裡的事都擺不平了，你再會搶訂單，又有什麼用？

比起和客戶餐敘，和同事共餐更困難。同事之間，彼此競爭又彼此合作，利益關係一致（**替公司部門賺取最大利益**）卻又分殊（**替自己爭取升遷加薪**）。特別是競爭激烈的商業組織，表面上很合諧，私底下卻是暗潮洶湧。

和同事吃飯，是門藝術，是門大學問，需要花時間揣摩學習。你若不能掌握好與部門同事的關係，在外面再會打拼都是沒有用的，因爲同事們的幾句閒言閒語，就能讓你的功勞瞬間化爲烏有。

如果中午用餐時間，你總是一個人躲開同事自己出去吃飯，上司肯定會認爲你不合群、無法融入團體；反之，還沒到中午，就積極熱情地拿出訂便當的單子，詢問部門裡同事中午要吃什麼的人，則是熱心過頭，被貼上狗腿標籤的機率很大。

最好的作法是，一週五天，幾天和同事用餐，幾天和客戶、朋友吃飯，視情況而定，絕對不要把時間全都留給客戶或同事。

剛剛加入公司的新人很可能會在臨近午餐的時候有些微焦慮：去哪裡吃？跟誰去吃？其他人成群結隊、熟門熟路地走了，剩下自己尷尬落單，不知道該叫外賣還是去找速食店。

融入新環境需要時間，這是很自然的。別人體察到你的情緒，那是你運氣好遇到了體貼的同事——但別人沒有義務這樣做不是嗎？如果因此就患上社交恐懼症，無疑會給職場生涯帶來極大的負面影響。你不妨把吃午飯看作一種交際方式，把它當做與同事建立友誼的機會，別人不向你提出邀約，你可以試著主動加入，不要怕，很少有人會拒絕一個開朗熱情的新同事。

吃喝玩樂皆學問

生活中，「吃喝玩樂皆學問」，很多工作都非常考驗一個人與別人溝通和協調的能力。

詩人陸游在他逝世的前一年，給他的一個兒子傳授寫詩經驗時，寫了這麼一句：「汝果欲學詩，功夫在詩外。」他講到他初作詩時，只知道在用詞、技巧、形式上下工夫，到中年才領悟到這種做法不對，詩應該注重內容、意境。陸游在另一首詩中又寫道：「紙上得來終覺淺，絕知此事要躬行。」這可以看做是上句的絕佳注腳。

工作就是如此，很多事情看似是與他人的交往溝通出了問題，實際上是自己準備不夠，生活中儲備的知識不夠。正如曹雪芹所說：「世事洞明皆學問，人情練達即文章。」

如果有人問你：「我們一起釣魚去吧？」

你說：「我不會。」

如果有人問你：「我們一起唱KTV吧？」

你說：「我不會。」

如果有人問你：「我們一起去……」

你說：「我不會。」

那麼，不是對方不給你機會，是你堵死了對方通向你的門。

爲了和別人更好的溝通，你的業餘生活不應該只是睡懶覺，或者泡夜店，或者是「宅一整天而不動」，你應該花一點時間去修煉自己的藝術才能，達到「內外兼修」。所以，請花一點時間去認認真真研究「趣味」這件事。

例如，在與重要的人一起就餐之前，可以先從美食書、網上搜尋適合的餐館，通過對食物的精心選擇，顯示出自己的誠意。當然，如果只注意這些，會把更重要的語言交流忽略了，那便本末倒置，得不償失了。

吃一小時的飯就要用足一小時的交流時間，吃兩小時就用足兩小時的交流時間，因此你需要準備足夠多的資訊來製造「愉快的話題」，使這頓會餐物超所值。

別再臨時抱佛腳了！給自己放個假，培養一兩個業餘愛好吧！如此不但你的心態會變好，你的事業也會有新驚喜。

拿出一定的時間修煉軟實力是必要的，想想看，一名剛踏入工作崗位的新人，在工作經驗上顯然是薄弱的，那麼，他怎麼能讓別人關注自己，同時又不讓人覺得嘩眾取寵呢？

如果他懂個小魔術，利用午休時間，給大家變個魔術玩，一下子把大家的興趣都調動起來，他與他人的話題就會越來越多，距離就會越來越近，到時融入團隊就不是什麼困難的事情了。

想擁有這種軟實力，必須有前期投入的時間。時間對於人們來說非常寶貴，正因爲如此，人們投入緊張狀態時總是感覺沒有時間。

興趣這件事，比你現在手頭是否有一千萬都重要，因爲個人在社會消耗的財富是有限的，一個無趣之人，縱然有了一千萬，也是一場災難。

請拿出時間，感受你的興趣，修煉你的人生趣味。我們每天面對忙不完的工作，面對複雜的人際關係時，會生成無形的壓力。而關注興趣，修煉軟實力，是在對自己進行有效的壓力管理。

◆延伸閱讀◆

快速拉近距離的小竅門

(1)故意顯露笨拙的一面，使對方產生優越感。

比如說，時下的演員都以年輕貌美、頭腦聰明、歌藝佳、演技生動為優點，企圖在觀眾中塑造一種形象，提升優越感；殊不知，一個人面對比自己優秀的人，心中只會產生挫折感，從而自然而然地產生了反感。根據這個原理，某些人為獲得知名度，會故意表露自己的笨拙。在公司的同事、上司面前，故意表現出單純的一面，以憨直的形象，激發他人的優越感，能吃小虧而占大便宜。有的部屬從不隱藏自己的鋒芒，工作上處處表現得幹勁十足、能力超強，會在無形中惹來嫉妒和猜忌：「你行，你一人就能幹好，那還要我們幹什麼？」

(2)說些自己的私事，從而拉近彼此間的距離。

開門未必一定要見山，一見面就談工作的事，鐵定會讓人反感。不妨暫時拋開主題，先談共同的話題，或自己的繁雜瑣事，以求達到心靈的共鳴。如甘迺迪在爭奪總統席位的競選演說中，曾經輕描淡寫地說：「緊接著，我還要告訴各位一句話，我和我的妻子雖然贏得選戰，但我們希望能再生個孩子。」

在公司與同事談及私事，可以增進彼此間的親切感。但是，私事並不包括隱私。如果你向別人洩漏自己的隱私，別人可能會以此為笑柄攻擊你。而隨意談論他人的隱私，他人會對你表示不滿，並乘機報復。

(3)傾聽是你克敵制勝的法寶。

一個時時帶著耳朵的人遠比一個只長著嘴巴的人討人喜歡。與人溝通時，如果只顧自己喋喋不休，根本不管對方是否有興趣聽，是很不禮貌的事情，極易讓人產生反感。

做一個好聽眾，不僅要自己說，更要尊重別人所說的，這效果要比你說得天花亂墜好得多。傾聽並不只是單純的聽，還應真誠地去聽，並且不時地表達自己的認同或讚揚。傾聽的時候，要面帶微笑，並適時的以表情、手勢如點頭表示認可，以免給人敷衍的印象。

當對方有怨氣、不滿需要發洩時，傾聽可以緩解對方的敵對情緒。很多人的氣憤的訴說，不一定是要得到什麼合理的解釋或補償，而是要把自己的不滿發洩出來。這時候，傾聽遠比提供建議有用得多。如果真有解釋的必要，你要避免正面衝突，在對方的怒氣緩和後再進行。

三、進退有據，剛柔有度——會說話的女人最出色

語言是連接人與人之間的紐帶，紐帶品質的好壞，直接決定了人際關係的和諧與否，進而會影響到事業的發展以及人生的幸福。尤其是對於女人來說，形象固然重要，但口才同樣不可忽視。

王熙鳳見了黛玉時怎麼說的？「天下真有這樣標緻的人物，我今兒才算見了！況且這通身的氣派，竟不像老祖宗的外孫女，竟是個嫡親的孫女。怨不得老祖宗口頭心頭一時不忘。只可憐我這妹妹這樣命苦，怎麼姑媽偏就去世了（高明煽情）。」然後用手帕拭淚。你看她會說話不？太會說了，八面玲瓏。

王夫人說，該隨手拿出兩個緞子來，給你這妹妹裁衣裳，王熙鳳卻說，這我倒是早料到了，知道妹妹不過這兩日來，我已預備下了，只等太太過了目，好送來。她準備了嗎，沒有，她就這麼會說話。

王熙鳳太聰明了。她討賈府的最高精神統帥——賈母的好，也太明顯了，難免招致他人的不屑與不滿。再加上她對下人的苛責，心狠手辣，斂財無度，所以在賈府，王熙鳳雖能說能幹，但也只討了老太太一個人的好。

薛寶釵就不一樣了。有一天寶玉說話不巧，得罪了寶釵，還惹了黛玉不高興，百無聊賴，大中午的轉悠著玩，走到了王夫人那裡。天熱，王夫人在涼榻上睡著，金釧兒在一邊捶腿，睏得也乜斜著眼亂恍。寶玉見了她，拿了塊薄荷糖類的東西放到了金釧兒嘴裡，又上來拉手，說要跟太太討了她。金釧兒說你著什麼急，是你的就是你的，現在你去拿環哥和彩雲去。寶玉說，管她們呢，我只守著你。沒料到王夫人醒了，她忽地坐起來給了金釧兒一個嘴巴，說，好下作的小娼婦，好好的爺們都叫你們帶累壞了。這是王夫人的霸道邏輯，她不說是寶玉挑逗金釧兒。寶玉一看，兔子一樣嚇跑了。金釧兒卻遭殃了，王夫人不僅打了她，還堅決要將她攆出賈府。

當時賈府的丫環小廝們有這麼一個觀念：從賈府被攆出太丟人了，沒法活了。所以金釧兒苦苦哀求，求王夫人不要攆她出去。但是王夫人鐵了心，堅決把金釧攆出去了。這個金釧兒也是個烈性女子，選擇了投井自盡。因為小姑娘平時很懂事，人緣好，所以賈府都很惋惜心痛，憐惜不已，寶玉更恨不能跟了去。王夫人也有些心疼，心裡正不好受呢，寶釵知道了，就趕過來安慰。王夫人說：金釧把我的一件東西弄壞了，我一時生氣，打了她幾下，攆了她出去，原不過過幾天就叫她上來，誰知她氣性這麼大，就投井死了，豈不是我的罪過。

寶釵怎麼說？寶釵很會說話，她勸道：「姨娘是慈善人，固然這麼想。據我看來，她並不是賭氣投井，多半他下去住著，或是在井跟前憨頑，失了腳掉下去的。

豈有這樣大氣的理。縱然有這樣大氣，也不過是個糊塗人，也不為可惜。」王夫人嘆道，話雖然如此，到底我心不安。寶釵嘆道，姨娘也不要老念念於此，十分過不去，不過多賞幾兩銀子發送她，也就盡了主僕之情了。

你看，寶釵說的多有水準：一、金釧兒一定是失足掉下井的，不是賭氣，所以跟太太你沒有關係；二、她要是真賭氣，也不過是個糊塗人，死了不足可惜；三、姨媽你慈善，要是心疼她，多給幾兩發送銀子就完了。她倒是切實的安慰了王夫人，讓王夫人不但不用不安，還可以認為自己是慈善的。

對賈母，這個賈府至高無上的權威，賈府的精神領袖，寶釵選擇了恭順溫良，投其所好。她有機會就對賈母說，我來了這麼幾年，留神看起來，鳳丫頭憑她再怎麼巧，也巧不過老太太去。這裡的「巧」，是聰明能幹的意思。老太太當然很高興了，說，我如今老了，哪裡還巧什麼。當日我像鳳哥兒這麼大年紀，比她還來得呢。接著賈母又對薛姨媽說，提起姊妹，不是我當著姨太太的面奉承，千真萬確，我們家的四個丫頭，全不如寶丫頭。

老太太因為喜歡寶釵「穩重平和」，還自己拿銀子張羅給寶釵過生日。整部《紅樓夢》裡，賈母自己拿銀子張羅給別人過生日的，一共有兩個人，一個是鳳姐，另一個是寶釵，足以見賈母對寶釵的喜歡程度。

賈母讓寶釵點戲，問她愛吃什麼。寶釵怎麼做？書中寫道：「寶釵深知賈母年老人，喜熱鬧戲文，愛吃甜爛之食，便總依賈母往日素喜者說了出來，賈母更加歡悅。」讓她點一齣戲，她點的是《西遊記》，後來再讓她點，她點了《魯智深醉鬧五臺山》，惹得從不忍心讓女孩子生氣的寶玉直抱怨：「你只好點這些戲。」

寶釵不單懂得揣摩老太太的心理，也有辦法讓寶玉也喜歡這戲。她說：「要說這一齣熱鬧，你還算不知戲呢。這齣戲的節奏韻律都是好的，裡面的一首《寄生草》辭藻填得極妙。」寶玉就央求：「好姐姐，念給我聽聽。」寶釵念道：「慢搵英雄淚，相離處士家，謝慈悲，剃度在蓮台下。沒緣法，轉眼分離乍。赤條條來去無牽掛。」寶玉聽了，果然覺得是好詞，這「赤條條來去無牽掛」也正迎合了他的某種心理，喜的他拍手劃圈，稱賞不已，讚寶釵無書不知。

第三十七回湘雲偶然興起，說要做東邀一起海棠詩社。她沒有想到自己從小沒有了父母，在家只能聽叔叔嬸子的，花錢做不得主。寶釵就跟她商量說：「單請做詩的姐妹，別人看著不太好。雖然只是個玩意兒，也要瞻前顧後，又要自己方便，又要不得罪了人，方大家有趣。在家你又做不得主，又要你嬸子抱怨你了。依我的主意，我們當鋪裡有個夥計，她們家田上出的好肥螃蟹，前兒送了些來。這裡從老太太起，連園子裡的人，多半都是愛吃螃蟹的，你如今且把詩社別提起，只普通一請，等她們散了，咱們再作詩。我再要幾簍極大的螃蟹，取幾罈好酒，擺幾桌果碟，豈不又省事，又大家熱鬧。」

寶釵怕傷她自尊，又說，「你可別多心想著是我小看了你，咱們兩個就擺好了，你若不多心，我好叫她們辦去。」湘雲自是心服口服，感動不已。日後說起來，這個總是說說笑笑、極少傷感的湘雲還感動地掉淚說，從小沒有父母，要是有這麼個姐姐，諸事體諒，也不至於孤單了。

《紅樓夢》中還有個人物是岫煙。她是邢夫人的侄女，因故來到京城賈府。邢夫人的為人基本沒有人喜歡，但是她的侄女岫煙卻是個難得的好女孩子，模樣不用說，為人也通達從容，不卑不亢，連鳳姐都疼愛。賈母就讓她住在大觀園。她家貧，別人大雪天不是穿大紅猩猩氈就是羽紗緞斗篷，她只穿一件舊衣，拱肩縮背，好不可憐。寶釵便暗中接濟照顧。岫煙把棉衣都送當鋪當了，寶釵把她的衣服取了來，並不讓人知道。後來岫煙嫁給了寶釵的堂弟薛蝌，是因為她感受到寶釵的寬厚細心。

黛玉一直把寶釵當作敵人，寶釵對黛玉怎麼樣呢？從第五回開始，黛玉感覺到寶釵能得上下人心，就有悒鬱不忿之意。寶釵脖子上配有金鎖，與寶玉金玉良緣的說法，黛玉覺得這對自己的感情是個威脅。所以，黛玉對寶釵是有機會就諷刺，如果寶玉說了讓寶釵不高興的話，她會面露喜色。比如，寶玉挨了賈政的打，薛蟠又跟寶釵鬧了一頓。寶釵委屈便哭了。恰巧黛玉看到，就笑說：「姐姐也該保重些，就是哭出兩缸眼淚來，也治不好棒傷啊！」又比如，湘雲對黛玉說：「我是比不上你了。可是你能挑出寶姐姐的短處來，我就服你。」黛玉冷笑道：「我當是誰，原來是她！我可哪裡敢挑她呢。」

寶釵吃的藥是冷香丸，是她哥哥費盡心思才研製出來的。有一次寶玉說黛玉身上有香味。黛玉冷笑道：「我便是得了奇香，也沒有親哥哥親兄弟，弄了花兒朵兒霜兒雪兒替我炮製，我有的是俗香罷了。」湘雲來了，寶玉和寶釵一起來看，黛玉便問寶玉從哪裡來的，寶玉說從寶姐姐那裡，黛玉冷笑道：「我說呢，虧在那裡絆住，不然，早就飛了來了。」

這樣的冷嘲熱諷俯首皆是。寶釵對此的態度是：或者裝作沒聽見，或者跟黛玉開個玩笑，就過去了，不和她斤斤計較。但是，從第四十二回「蘅蕪君蘭言解疑癖」後，黛玉就再也沒有諷刺挖苦過寶釵，而是把寶釵看做知己了。所謂的釵黛合一，就是從這一回開始。

那麼，是什麼緣故使得黛玉對一向戒備的情敵寶釵卸去了武裝呢？

四十回，大家團團圍坐，行酒令時要求說一句詩和一句現成話，黛玉怕說不出來輸了喝酒，脫口而出兩句話：「良辰美景奈何天，紗窗也沒有紅娘報。」讀者知道這兩句出自哪裡嗎？一個是《牡丹亭》，一個是《西廂記》。在那個對女子限制繁多、要「非禮勿聽、非禮勿言、非禮勿視」的時代，有男女感情情節的就屬禁刊，就是洪水猛獸。大家閨秀敢看這個，還當眾說出來，可不得了！

別人對黛玉的話沒有在意，而寶釵卻在意了。寶釵當時的表示是：扭頭看了黛玉一眼，沒言語。等到只她們兩個的時候，寶釵賣了個關子，玩笑似的說：「你跪下，我要審你。」寶釵又說，「好個千金小姐，好個不出閨門的女孩兒，滿嘴裡都說的是什麼！」黛玉懵了。看黛玉沒有了平時的伶俐尖刻，寶釵就拉她坐下，款款給她講了一篇大道理，大意是：我們女孩子，不要看那些雜七雜八的書，亂了心性。如果真是這樣，就不如不識字的好。既然現在識了字，也該看正經書。看那些雜書，亂了性情，就不可救了。女孩子的正經事還是針線紡織，這才是正理。

黛玉徹底服氣了，她並不是認為這些書不該看，而是感動於寶釵沒有當眾揭穿她，給她難堪。她當時是又羞愧又感動，從不讓人的她只有低頭沉思的份。從這時起，她成了寶釵的「死黨」，她說：「我只當你心裡藏奸。前日你說看雜書不好，又說我那些話，竟大感激你。要是我，再也不饒人的。往日竟是我錯了。我母親去世的早，又沒有姐妹。我長這麼大，還沒有一個人像你前日的話教導我。」

寶釵對自己的哥哥也不護短。薛蟠被柳湘蓮打了以後，薛姨媽著急地要下人們找柳湘蓮報復，寶釵就說：「他們喝酒，酒後翻臉是常情，誰醉了，多挨幾下子打也是有的。況且咱們家無法無天，也是人所共知。今兒偶然吃了一次虧，媽就這樣興師動眾，倚著親戚之勢欺壓常人。」一番話說的薛姨媽消了火氣。

寶釵對人見人煩的趙姨娘也是禮節有加。趙姨娘是賈政的偏房，探春的生母。她沒有別的事就喜無事生非，混打混鬧，還曾經讓馬道婆用法魘住了鳳姐和寶玉，差一點要了鳳姐和寶玉的命。但寶釵的哥哥薛蟠從南方帶來很多的土產，分派送人的時候，寶釵並沒有忘記給趙姨娘準備一份，於是這個從沒有被別人正眼看過的人心裡念叨開了：還是人家寶姑娘會做人，即展樣，又大方，要是林姑娘，連正眼都不會看我們。

女人較之男人來說，感情更為細膩、敏感，所以，女人一定要善於運用自己的口才。卓越的口才、有技巧的說話方式，不僅是家庭幸福的法寶，更是披荊斬棘的利劍，增加個性魅力的法碼。

打造黃金人脈，先從打造自己開始

生活中，有的人身上往往有一種魔力，像磁鐵一樣，在無形之中對他的周圍產生巨大的吸引力，吸引人們不由自主地向他靠近，樂於與他交往。這種人往往是人脈高手。真正的做人脈者，會先從自己做起，而只有修煉好自己的優秀品質，人氣才會向你聚集。

一、寬容待人，敞開心胸不計較

襲人一直被上司、下人讚譽為人厚道，她從不與人結仇，能忍就忍，寬容待人。比如，寶玉給襲人留的酥酪被李嬤嬤吃掉了，寶玉問起這事，襲人趕緊用其他話混過。然而李嬤嬤仍不識趣，隔天又來尋襲人的不是，且一針見血地指出襲人「裝狐媚子哄寶玉」，刺中襲人心病，但襲人沒有去跟對方理論，只是委屈地哭起來。她越不鬧，越發顯得李嬤嬤無禮，也越發顯得自己委屈。她的弱勢形象贏得了寶釵、黛玉一干人等的極大同情。

晴雯出於妒意，也跟著冷嘲熱諷，於是「襲人一面哭，一面拉寶玉道：『為我得罪了一個老奶奶，你這會子又為我得罪了這些人，還不夠我受的？』」說得楚楚可憐。她為息事寧人，不願寶玉再為這件事情理論，李嬤嬤日後自然要責襲人一個情。

再對比一下晴雯。寶玉在外面吃飯，看見桌上有豆腐皮包子，想著晴雯愛吃，就叫人送了回來，不成想寶玉的奶媽李嬤嬤跑來了，自說自話地就拿回去給她孫子吃了。寶玉回來問起此事，晴雯不假思索地表述了自己的不滿，再經後事累積，寶玉氣得又是要攆丫環，又是要逐奶媽，險些釀成一場大的風波。

襲人待下面的小丫頭也寬厚，很少對哪個小丫頭打罵，但晴雯對小丫環素來嚴苛，看不上眼的不但在言語上擠兌，甚至還動手打。王夫人第一次見到晴雯沒留下好印象，就是因為當時她正在責罵一個小丫環，讓王夫人覺得她行為乖張。

對墜兒偷玉鐲的事情更是如此，晴雯知道後，不顧有病在身，冷不防抓住墜兒，拿簪子使勁在墜兒手上扎，疼得墜兒哭爹叫娘。這還不解氣，她還逮著一個老嬤嬤，命令她把墜兒的母親叫來，把墜兒領走。墜兒的母親來了，自然要求情，晴雯哪裡聽得進去？晴雯說，這裡沒有你說理的地方。任憑墜兒的母親怎樣求情也無濟於事。墜兒就這樣被晴雯攆出了大觀園。

襲人素日待人周到，得罪人的事向來不出面，就是和那些老婆子們對話也是和顏悅色的，她知道大觀園裡面的人太多，誰背後都有一個強勢的支持者，以和為貴，才能長久。她想在賈府待一輩子，自然不能結小人仇恨，這點與平兒的想法是一致的。

同樣是墜兒那件事，襲人明知墜兒有錯，卻不聲張，一方面體諒了寶玉的良苦用心，保全了寶玉的面子，另一方面又照顧到病中的晴雯，兩全齊美。

寬大的胸懷會讓你積累很多的人脈，得到大家的尊重；而當你需要幫助時，大家也樂意伸手。請感激傷害你的人，因爲他磨練了你的心態；請感激絆倒你的人，因爲他強化了你的意志；請感激欺騙你的人，因爲他增進了你的智慧；請感激蔑視你的人，因爲他激起了你的自尊；請感激遺棄你的人，因爲他教會了你如何獨立。對待每一個人，都要懷著寬容和感恩的心，正如李嘉誠先生所言：「凡事都留個餘地，因爲人是人，人不是神，不免有錯處，可以原諒人的地方，就原諒人。」

寬容也是一門交際技術，它潤滑了彼此的關係，消除了彼此的隔閡，掃清了彼此的顧忌，增進了彼此的瞭解。饒恕別人，不但給了別人機會，也取得了別人的信任和尊敬，讓我們能夠與他人和睦相處。

二、控制嫉妒心，嫉妒對手不如和對手做朋友

身在職場，誰沒被嫉妒過？幾個人同時進入公司，你卻早早地得到上司信賴，被委以重任；在團隊合作時，你積極進取，不斷地提出新的方案；年終歲末，你拿到比他人更多的獎金……這時，你會發現身邊似乎總有幾雙充滿敵意的眼睛，有人還常在工作中爲難你。

而當你發現，自己一直以來努力爭取的升職機會給了一位經驗不如自己，入職時間比你短的同事；當你得知剛加入的新人的薪水竟只比你略低一點……此時，你的心裡就像打翻了五味瓶一樣，滿滿的不甘中甚至帶著一絲嫉妒與恨意。

嫉妒心可以變成你的上升動力，但一味任嫉妒將自己吞沒，只會讓自己深中嫉妒之毒，傷害了自己。

嫉妒是女人最普遍的情緒

林黛玉到了榮國府後，賈母萬般憐愛，寢食起居，都和寶玉一個規格，比迎春、探春、惜春這三個親孫女還好。她還和寶玉青梅竹馬，兩小無猜，日則同行同坐，夜則同息同止，比別人都要好。可是偏偏來了個薛寶釵，年歲雖大不多，但是品格端方，容貌豐美，很多人都說黛玉比不過她。尤其是寶釵行爲豁達，會爲人，不像黛玉

孤高自許，目無下塵，大家都更喜歡薛寶釵，連那些小丫頭們，亦多喜與寶釵去玩。因此黛玉心中有些悒鬱不忿之意，她嫉妒寶釵被更多人喜歡，嫉妒寶釵有母親、兄長作伴，嫉妒寶釵有「金玉良緣」的金鎖……所以她時不時地對薛寶釵進行冷嘲熱諷。本就虛弱的身體，也因爲嫉妒的煎熬更加虛弱，性格也越發抑鬱。

嫉妒心，從某種意義上來說，是人類的一種普遍情緒。職場是一個崇尚成功的地方，在職場這樣一個臥虎藏龍之地，有人成功，就必然有人失敗。失敗之後所產生的由羞愧、憤怒、怨恨等組成的複雜情感和不平衡心理就是嫉妒。

德國有一句諺語：「好嫉妒的人會因爲鄰居的身體發福而越發憔悴。」所以，好嫉妒的人總是在四十歲的臉上寫滿了五十歲的滄桑。

有一個人遇見上帝。上帝說：「現在我可以滿足你任何一個願望，但前提是你的鄰居會得到雙份的報酬。」那個人高興不已。

但他仔細一想：如果我得到一份田產，我的鄰居就會得到兩份田產；如果我要一箱金子，那鄰居就會得到兩箱金子；更要命的是，如果我要一個絕色美女，那麼那個要打一輩子光棍的傢伙就會得到兩個絕色美女……

他想來想去，不知道提什麼要求才好，因為他實在不想被鄰居白佔便宜。最後，他一咬牙說：「哎，你挖我一隻眼珠吧。」

故事中的主人爲了不讓別人白佔便宜，而把自己置於一種心靈的地獄之中，折磨自己，但折磨的結果，卻是自己也一無所得。這其實就是嫉妒心理在作怪。

嫉妒是心靈的枷鎖，會將一個人牢牢拴住，讓人們不但得不到任何好處，還會跌進痛苦的深淵中。正如巴爾扎克所說：「嫉妒者受到的痛苦比任何人遭受的痛苦更大，他自己的不幸和別人的幸福都使他痛苦萬分。嫉妒心強的人，往往以恨人開始，以害己而告終。」

心理學認爲，嫉妒是一個人在個人欲望得不到滿足時，對造成這種現象的對象所產生的一種不服氣、不愉快、怨恨的情緒體驗。嫉妒心理是一種消極的、不健康的情緒或情感，產生嫉妒心理的原因至少有兩個方面：一是不能接受別人比自己強的現實；二是權力欲、支配欲、佔有欲強。

英國科學家培根曾經指出：「在人類的情欲中，嫉妒之情恐怕是最頑強、最持久的了。」

古今中外，因嫉妒引起人際關係緊張的事件不勝枚舉。一些偉人及科學家在晚年爲了保住自己的權威地位，表現出的嫉妒心理給人類造成的遺憾和損失更是令人痛心。如牛頓嫉妒晚輩，壓制格雷的電學論文發表；卓別林嫉妒有才華的導演，焚毀了惟一的《海的女兒》的電影拷貝；英國科學家大衛發現並培養了法拉第，然而，當法拉第的成績超過大衛之後，大衛的心中不可遏制地燃起了嫉妒之火，他不僅一直不改變法拉第實驗助手的地位，還誣陷法拉第剽竊別人的研究成果，極力阻攔法拉第進入皇家學會。直到大衛去世，法拉第才開始其偉大的創造。大衛本應享受伯樂的美譽，卻因嫉妒心理阻礙法拉第的迅速成長，這不僅給科學發展帶來了損失，也使自己背上了阻礙科學發展、使科學蒙難的惡名，留下了令人遺憾的人生敗筆。

職場人產生嫉妒心理時，可能會表現出工作不配合、人際關係緊張、積極性降低等行爲，如果這些現象長期存在，會嚴重影響其工作品質、人際關係，對個人和組織的發展非常不利。當員工之間的地位、能力相當時，如果其中一方獲得上級的認可、升職、加薪或者學習機會時，可能會引起其他員工的嫉妒；有利益衝突的員工之間也容易產生嫉妒心，因爲榮譽或者獎勵是有限的，給了其他人，自己就會失去機會。

把嫉妒限定在適宜的範圍內

女性員工比男性員工更容易產生嫉妒心，因爲女性天生更感性一些，對外部的第一反應往往是情感性的。

因此女性員工一定要控制好自己的情緒，不要讓嫉妒控制了自己的思維，做出一些損害別人的事情，破壞了自己的人際關係。

那麼如何才能把嫉妒限定在適宜的範圍內？

首先，要有陽光的心態，要有「人人爲我，我爲人人」的大愛思想。古人云「四海之內皆兄弟」，他人好也是自己好，同事進步也是自己進步。

第二，對待工作你只需要明白兩點：自己的能力到底如何？你是否在盡力工作？因爲這兩個問題都與其他人無關。

第三，要樹立終身學習的理念。要讀書，從他人的經驗中學習；要明事，從日常的實踐中學習。現代職場中團隊合作精神尤爲重要，所謂一損俱損，一榮俱榮，發揮團隊合作精神，首先要摒棄一些消極的嫉妒心理。

第四，嘗試每天去發現同事身上的一個優點，或者值得讚美的地方，比如他的工作能力、文筆、口才等。或者直接讚美對方的髮型、著裝、臉色等，這種讚美在最初可能不太自然，但一點點習慣後就會自然起來。

我們應該像戒菸一樣把嫉妒心戒掉，隨之你會發現，自己的心情逐漸開朗，人也變得更自信。而當你發現周圍的一切都變得越來越美好時，你會感覺更加快樂幸福。

與其嫉妒對手，不如和對手做朋友

與其嫉妒對手比自己強，不如跟對手做朋友，從他身上學會更多東西。把本能的嫉妒轉化爲進取的動力，把不平靜的心態歸於平靜，把蔑視別人的目光轉到自己的短處上，嫉妒就會變成一種催人奮發的動力。

美國一位名叫亞瑟・華卡的農家少年，一直很嫉妒那些商界的成功人士。有一天他在雜誌上讀了大實業家亞斯達的故事，很嫉妒亞斯達能有這樣巨大的成功，但轉念一想，為什麼自己要在這嫉妒呢？再怎樣嫉妒自己都不可能像他那樣成功，何不向他請教，對他的成功經歷瞭解得更詳細些，得到他的忠告，這樣自己或許也能取得成功。

有這樣的想法與動力後，他跑到了紐約，也不管幾點開始辦公，早上七點就來到亞斯達的事務所。在第二間辦公室裡，華卡立刻認出面前這位體格結實、濃眉大眼的人就是亞斯達，這讓他興奮不已。一開始，高個子的亞斯達覺得這少年有點討厭，然而聽到少年問他「我很想知道，我怎麼才能賺到百萬美元」時，他的表情變得柔和並微笑起來。兩人談了差不多一個小時，亞斯達還告訴華卡該怎樣去訪問其他實業界的名人。

華卡照著亞斯達的指示，訪遍了那些曾讓他嫉妒的一流的商人、總編及銀行家。在賺錢方面，華卡所得到的忠告並不見得對他有所幫助，但是能得到成功者的知遇，給了他自信，他開始化嫉妒為奮進的動力，效仿他們成功的做法。

過了兩年，這個二十歲的青年，成為當初他做學徒的那家工廠的所有者。二十四歲時，他成了一家農業機械廠的總經理。就這樣，在不到五年的時間裡，華卡如願以償地賺到了百萬美元。後來，這個來自鄉村的少年，又成為了一家銀行董事會的一員。

華卡在以後的創業過程中，一直實踐著他年輕時在紐約學到的基本信條：多與比自己優秀的人結交，把嫉妒別人轉變為學習別人的長處，以此來幫助自己成功。

華卡的做法是值得我們學習的，我們可以把嫉妒對象當作對手，不去向他攻擊而是向他挑戰、學習。俗話說：「只要功夫深，鐵杵磨成針。」很多事情別人能幹，自己也一樣能幹，而且可能會幹得更好。

三、欲取先予，學會送人情的技巧

有些人總認爲自己首先能夠「取」，然後才能「予」，殊不知，當自己「取」到的時候，「予」的價值就降低了許多，因爲這時你的「予」不再是無私的幫助，而是給對方的一種回報。

對於那些懂得取捨的人來說，「欲取先予」是一種大智慧。得失之間的轉化是需要時間和過程的，很多時候它並不能馬上看到。我們要學會忍耐和等待，以長遠的眼光對待眼前的「予」。那些深諳「欲取先予」奧妙的人，能讓眼前的「予」發揮出意想不到的效果。

常言道：「得道多助，失道寡助。」在生活中良好的人脈關係是我們取得成功的重要因素，而人脈是靠自己的無私幫助和努力換來的，你幫助別人越多，得到別人的反哺就越多，成功的機率也就越大。馬雲開創淘寶時的口號是「提供免費平臺幫助大家開店」，這讓在成就了一大批成功的淘寶賣家的同時，也成就了馬雲自己，淘寶網成爲中國最大的電子商務網站。所以說，竭盡全力地去幫助別人，是每個人都應該主動去做的，如此等到你需要幫助的時候，會得到他人投桃報李的友好援助。

生命就像是一種回聲，你送出什麼它就送回什麼，你播種什麼就收穫什麼，你給予什麼就得到什麼，你把最好的給予別人，就會從別人那裡獲得最好的；你幫助的人越多，你得到的也就越多；你越吝嗇自己的幫助，願意幫助你的人就越少。

薛寶釵是賈府控制情緒的高手，更是一個人脈高手。她從不輕易流露出負面情緒，不像林黛玉，不懂得隱藏情緒，高興就是高興，生氣就是生氣，雖然心地善良，但因為常常鬧小脾氣，被認為難以相處。寶釵不僅對每個人都很好，更懂得取悅上級，她過生日時，會專選賈母喜歡的甜膩食品和熱鬧戲文，有時會給大家一些禮物，讓每個人都覺得寶釵是尊重自己的。

人性中第一個特點就是渴望被尊重，薛寶釵穩穩地把握住了這一點。

寶釵對襲人一直刻意拉攏，聽說襲人手上活計多做不來，她便主動說：「我替你做些如何？」喜得襲人笑道：「當真這樣，就是我的福了。」

而黛玉替寶玉做了那麼多穿玉的穗子，隨身的荷包、香囊，這些本該是襲人的分內之事，襲人卻全不感恩，反而在私下裡向湘雲抱怨黛玉懶。

發生這種事的原因很簡單，黛玉做得再多，也是因為她同寶玉的情分，非但不關襲人的事，甚至是將襲人排除在外；而寶釵做得再少，卻是在幫襲人做，襲人當然會感激涕零。

黛玉是不知不覺地給自己樹了敵人，而寶釵卻是輕而易舉地幫自己找了個線人。在這一種不動聲色的較量中，寶釵勝出黛玉太多了。

不僅如此，寶釵還讓自己的丫環鶯兒認了寶玉貼身小廝茗煙的娘做乾媽。如此，不論寶玉是在家還是出門，一舉一動都自有人告知寶釵的了。

寶釵最善於用錢用物籠絡人心。探春要起詩社，湘雲聽說後樂得要參加，李紈說要她來得晚，就罰她做東。沒心沒肺的湘雲立刻答應了，可是寶釵知道，史湘雲在史府被嫂子欺負，自己並沒有什麼錢，若為了這個詩社去問哥嫂要錢，少不了又要被奚落一番。於是她贊助了些螃蟹，幫助湘雲解決了這個燃眉之急。所以史湘雲到哪都誇「寶姐姐好」，四處宣傳薛寶釵的好名聲。

有一次，寶釵和探春想吃油鹽炒枸杞芽兒，遂打發丫頭拿了五百錢送與管廚房的柳嫂子。柳家的說：「二位姑娘就是大肚子彌勒佛，也吃不了五百錢的去。」寶釵卻說：「如今廚房在裡頭，保不住屋裡的人不去叨登，你拿著這個錢，全當還了他們素日叨登的東西窩兒。」感動得柳嫂子四處宣揚：「這就是明白體下的姑娘，我們心裡只替他念佛。」

薛寶釵對下人如此闊綽，所以賈府裡有了什麼風吹草動，她總是能立刻獲知。剛聽說金釧兒跳井死了，她就立刻去王夫人那裡，因為給予最好的時候是別人最困難的時候。王夫人想找幾件新衣裳為她裝裹，偏巧只有林黛玉作生日的兩套。王夫人遂說：「我想你林妹妹那個孩子素日是個有心的，況且他也三災八難的，既說了給他過生日，這會子又給人妝裹去，豈不忌諱。」寶釵聽見了，忙說：「我前兒倒做了兩套，拿來給他豈不省事。」一面說，一面起身回去，立便拿了兩套衣裳來。

這般坐言起行，王夫人豈有不感念，不覺得這孩子貼心懂事的？相比之下，她難免愈覺得黛玉小氣。

要擁有良好人脈，就要自己先付出，錦上添花終不敵雪中送炭，幫助別人要選擇最佳時機。

王熙鳳病了，要吃「調經養榮丸」，需要上等人參二兩。王夫人翻箱倒櫃，只找出幾支簪子粗細的人參和一大包人參鬚末，而鳳姐那裡只有一些參膏。賈母手中雖有一些當日餘下的「手指粗細」的人參，但拿到大夫那裡一鑒別，說是由於年代太陳，藥性已失，此時，偌大的賈府竟連二兩人參都找不出來，薛寶釵一看，立刻說自家當鋪有現成的，讓人送了來。

當然，做人脈，僅用錢和物是不夠的，最關鍵的還是用情。

薛寶釵就成功地用情感化了黛玉。她知道黛玉孤苦無依，最渴望關懷，所以沒事就去看望黛玉。一日談起黛玉的病，她說黛玉服了很久的藥總不見好，推薦黛玉吃燕窩，竟然引出了林妹妹的一番肺腑之言：「你素日待人，固然是極好的，然我最是個多心的人，只當你心裡藏奸。從前日你說看雜書不好，又勸我那些好話，竟大感激你。往日竟是我錯了，實在誤到如今。細細算來，我母親去世的早，又無姊妹兄弟，我長了今年十五歲，竟沒一個人像你前日的話教導我。怨不得雲丫頭說你好，我往日見她讚你，我還不受用，昨兒我親自經過，才知道了……」

林黛玉說起自己的孤苦，寶釵也說起自己家裡的不如意，兩個人瞬間因相似的命運而倍感親切起來。自此，黛玉真的就把薛寶釵當姐姐看，對薛姨媽也多了一份依戀。

薛寶釵的前期鋪墊非常成功，這些前期投入最終都成了她在賈府站穩腳跟的有力支持。王夫人更是一手策劃了薛寶釵和賈寶玉的婚事。

◆延伸閱讀◆

教你把「人情」送到位

以下五點，在送人情時，可供大家借鑒：

1.不可過分給予。飲足井水者，往往離井而去，所以你應該適度地控制，讓對方總是有點渴，以便讓其對你產生依賴感。一旦對方對你失去依賴感，或許就不再對你畢恭畢敬了。

2.不要給別人的恩情過重，否則會使人感到自卑乃至厭倦你，因為他一方面會覺得自己無法償還這份人情，另一方面會覺得自己無能。

3.不妨對別人施以小恩小惠，不要讓對方以為你在故意討好他，否則，你施與的人情就不值錢了。

4.對方不需要時，不要「自作多情」，因為這時你送人情會讓對方感到多餘，對方可能不會領你的情。

5.送人情不能臨時抱佛腳。你遇事抱佛腳而施與的人情是不值錢的，至多能把你所托之事辦下來，下次有事再托時，還要重新送上情分。倘若對方辦不了此事，或者你送的人情太小，抵不上對方所要付出的代價，對方便不會輕易領你這份情，甚至會乾脆回絕你這份情，讓你討個沒趣或尷尬。

透視《紅樓夢》擁有智慧高EQ

作　　者：楊　皓
發 行 人：陳曉林
出 版 所：風雲時代出版股份有限公司
地　　址：105台北市民生東路五段178號7樓之3
風雲書網：http://www.eastbooks.com.tw
官方部落格：http://eastbooks.pixnet.net/blog
信　　箱：h7560949@ms15.hinet.net
郵撥帳號：12043291
服務專線：(02)27560949
傳真專線：(02)27653799
執行主編：朱墨菲
美術編輯：吳宗潔
法律顧問：永然法律事務所　李永然律師
　　　　　北辰著作權事務所 蕭雄淋律師
版權授權：南京快樂文化傳播有限公司

初版日期：2014年7月
I S B N：978-986-352-045-0

總 經 銷：成信文化事業股份有限公司
地　　址：新北市新店區中正路四維巷二弄2號4樓
電　　話：(02)2219-2080
行政院新聞局局版台業字第3595號 營利事業統一編號22759935

國家圖書館出版品預行編目資料

透視《紅樓夢》擁有智慧高EQ ／
楊皓 作.-- 初版. 臺北市：
風雲時代，2014.05 -- 冊；公分

ISBN 978-986-352-045-0（平裝）

1. 職場成功法

494.35　　103008152

定價：350元
優惠價：280元